大连南部海域渔业资源环境调查与研究

冯　多　　桑田成　　勾维民　　主　编

张津源　　庞洪帅　　张建强

刘广东　　郑丽娜　　周　玮　　副主编

U0202274

海洋出版社

2021 年 · 北京

图书在版编目（CIP）数据

大连南部海域渔业资源环境调查与研究/冯多，桑田成，勾维民主编．
—北京：海洋出版社，2020.12

ISBN 978-7-5210-0711-4

Ⅰ.①大… Ⅱ.①冯… ②桑… ③勾… Ⅲ.①海洋渔业–水产资源
–海洋环境–海洋调查–调查研究–大连 Ⅳ.①S931②P71

中国版本图书馆 CIP 数据核字（2021）第 002312 号

责任编辑：常青青

责任印制：赵麟苏

海洋出版社 出版发行

http://www.oceanpress.com.cn

北京市海淀区大慧寺路 8 号 邮编：100081

中煤（北京）印务有限公司印刷

2021 年 2 月第 1 版 2021 年 2 月北京第 1 次印刷

开本：787mm×1092mm 1/16 印张：12

字数：152 千字 定价：128.00 元

发行部：62132549 邮购部：68038093 总编室：62114335

海洋版图书印、装错误可随时退换

《大连南部海域渔业资源环境调查与研究》

编 委 会

主　　编：冯　多　桑田成　勾维民

副 主 编：张津源　庞洪帅　张建强　刘广东

　　　　　郑丽娜　周　玮

编写人员：王媛媛　魏亚南　林　青　徐海鑫

　　　　　王孙悦　冯　倩　朗月婷　陈鹤男

　　　　　潘奕雯　孙亚慧　王文琳　李乐洲

　　　　　杨耿介　王玉龙　刘　洋　刘　丹

　　　　　毕丽仙　郭　超　陈济丰　孙广伟

　　　　　雷兆霖　杨　倩　傅　裕　任冠东

　　　　　吴　剑　王海元　马君妍　杨　瑞

目　录

第1章 概 述

1.1 背景与目的意义

1. 自然概况与项目来源

大连地区位于千山山脉西南延伸部分，辽东半岛的最南端，濒临黄海、渤海，形成碧海环抱、低山丘陵起伏的地形。由于地质构造，尤其是受第四纪以来的新地质构造活动和海水动力对陆地的长期作用的影响，本区地貌多山地丘陵，少平原低地，滨海岩溶地貌形态较发育，形成复杂多样的海岸地貌，并发育着千姿百态的海蚀地貌。

大连地处北温带，三面环海，同时受季风影响，属温带季风气候，同时又具有海洋性气候特征。太阳年总辐射量 $(135 \sim 140) \times 10^4 \mathrm{kcal/m^2}$，年日照时数 $2\,500 \sim 2\,800\ \mathrm{h}$，年日照率约 62%，年平均气温 10.4℃。多年平均降水量 687.7 mm，多集中在 7 月和 8 月，约占全年降水量的 60%，多年平均相对湿度 66%，多年平均蒸发量为 1 548.1 mm。最大风速 $28 \sim 30\ \mathrm{m/s}$（$10 \sim 11$ 级），季风明显。区内河流属黄渤水系，多数独流入海，为流程短小的季节性河流。

大连市海岸线长 2 211 km，40 m 水深以内近海增养殖可利用水域面积200 万亩①，沿岸滩涂面积97 万亩。丰富的海域资源和黄渤海沿岸

---

① 亩为我国非法定计量单位，1 亩 ≈ 667 m²，1 hm² = 15 亩。

1

特有的海域环境为大连海水增养殖业的发展提供了得天独厚的条件。作为中国北方重要的港口、工业、贸易和旅游城市，其建置和发展得益于海，海洋是大连最大优势。协调发展已被世界公认为处理经济发展与保护环境之间关系的最佳选择，海域特别是近岸海域渔业资源环境状况对城市繁荣具有不可替代的作用。调查大连海域特别是近岸海域基础信息是海洋与城市协调发展的基础性、战略性和动能转化性工程。

早在20世纪60年代，大连就在全国率先开发了贻贝浮筏养殖，随后又相继开发了紫菜、海带、裙带菜、对虾、扇贝、鲍鱼和海参等海珍品养殖。经过近半个世纪的发展，大连的海水增养殖产业从无到有，从小到大，以皱纹盘鲍、刺参、扇贝、海胆、裙带菜和海带等为代表的大连特色海珍品闻名海内外。海水增养殖产业已经发展成为大连具有鲜明特点的特色产业。

21世纪以来，国家宏观海洋经济战略的实施，为海水增养殖产业的发展带来了机遇和挑战。一是宏观海洋经济战略的实施要求海水增养殖业生产方式进行必要的调整。传统的生产方式暴露出许多不适应现代海洋开发理念和束缚海洋产业发展的问题。二是现代海水增养殖产业发展要求大连对海水增养殖产业进行生产方式的调整，通过海洋牧场建设实现海水增养殖产业的可持续发展。海洋牧场作为一种生态型的养殖模式，不但可以彻底解决目前养殖区大面积占用海面的问题，还可以最大限度地利用现有海域资源，保护生态环境，扩大增养殖生产面积，极大地改善了养殖种质，提高产品品质。三是海水增养殖产业的可持续发展需要科学的调查、论证和规划作为保障。伴随着海水增养殖业的迅猛发展，水产养殖产业经历了减产、死亡、病害等各种生产问题。在对各种生产问题的研究过程中，人们发现，目前水产养殖生产上存在着严重的盲目性：不研究海域环境和海域条件，盲目开发增养殖种类，盲目扩大增养殖规模。教训使人们认识到海水增养殖生产与捕捞生产一样，都涉及承载能力的问题，增养殖生产同样不能忽视科学调查、论证与规划，避免盲目发展。

早在2007年，大连海洋大学就受大连市海洋与渔业局的委托对"大连市海洋渔业资源调查与增养殖规划项目"进行了调研与论证，并编写了《大连市海洋渔业资源调查与增养殖规划项目实施方案》。

党的十八大以后，根据《国务院关于促进海洋渔业持续健康发展的若干意见》（国发〔2013〕11号），"全面开展渔业资源调查，健全渔业资源调查评估制度，科学确定可捕捞量，研究制定渔业资源利用规划""每五年开展一次渔业资源全面调查，常年开展监测和评估"的要求，2014年，大连市海洋与渔业局再次启动大连海域渔业资源普查项目论证工作，希望将《国务院关于促进海洋渔业持续健康发展的若干意见》的文件精神，落实到具体的渔业资源调查和渔业资源评估工作中。

2015年，"大连海域渔业资源环境普查I期工程"项目（以下简称"本项目"）被列入大连市当年财政计划。根据国家财政经费改革的要求，传统的项目经费拨付方式需要改变为政府招标购买服务的方式。

大连海洋大学于2015年9月17日参与本项目投标并成功中标（项目标段编号：HYXM150802-1），并于2015年11月与大连市海洋与渔业局签订大连海域渔业资源环境调查与评价（项目I期）服务合同。

2. 项目意义

海洋渔业资源调查，是对水域中经济生物个体或群体的繁殖、生长、死亡、洄游、分布、数量、栖息环境、开发利用的前景和手段等的调查，是开展渔业捕捞和渔业资源管理的基础性工作。

大连海域渔业资源环境普查是大连市首次组织的大规模渔业资源环境调查工作。本项目是大连市渔业资源环境普查工作的Ⅰ期工程，本次调查覆盖面广、海域类型复杂、技术方法多样、考察指标全面，涉及大连市部分基层海洋渔业管理机构和渔业生产单位。

为全面贯彻《国务院关于促进海洋渔业持续健康发展的若干意见》（国发〔2013〕11号）以及《辽宁省人民政府关于促进辽宁海洋渔业持续健康发展的实施意见》（辽政发〔2013〕19号），大连市开展了本次渔业资源环境调查。调查不仅可以摸清大连海域渔业资源环境基本情况，通过构建大连海域渔业资源环境管理信息系统，还可以推进大连市数字化渔业建设。

3. 项目框架

本项目是大连海域渔业资源环境普查项目中的第一阶段，涉及调查海域 2 650 km²，项目整体框架主要包括两部分：一是项目Ⅰ期海域渔业资源环境调查，主要涉及海洋水文、海水化学、海洋沉积物以及海洋生物调查；二是大连海域渔业资源环境管理信息系统建设，系统除了满足项目Ⅰ期海域调查需要之外，还要兼顾项目其余各期海域调查的需要。

4. 技术线路

本项目主要包括项目方案设计、外业调查准备、项目工作手册编制及培训、项目实施、项目成果编制及项目验收。项目技术路线见图1-1。

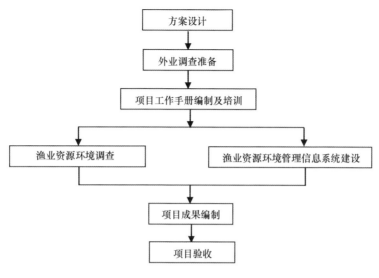

图 1-1　项目技术路线

1.2　方案设计

1. 项目任务

根据项目需求，本项目主要包括渔业资源环境调查和渔业资源环境管理信息系统建设两大任务，其中渔业资源环境调查包括：海洋水文调查、海水化学调查、海洋沉积物调查和海洋生物调查。

渔业资源环境调查包括：①海洋水文调查不少于 5 项指标；②海水化学调查不少于 21 项指标；③海洋沉积物调查不少于 14 项指标；④海洋生物调查不少于 8 项指标；⑤根据项目总体要求，适当增补相关内容。

渔业资源环境管理信息系统建设。大连海域渔业资源环境管理信息系统集成本项目调查的所有数据指标，同时收集相关历史数据，采用目前国际主流的地理信息系统平台建设大连海域渔业资源环境普查Ⅰ期工程空间数据库、矢量数据库、属性数据库、文件数据库，实现基于COM组件对象的GIS系统，处理大连海域渔业资源环境普查Ⅰ期工程多源、多尺度、海量调查数据和空间地理信息数据，对图像进行基本处理、信息提取、快速变化检测、动态监测分析等，使用多源、多尺度、大容量调查数据，生成大连海域渔业资源环境普查Ⅰ期工程专题图；快速、准确、可靠、实用的人机交互界面操作。

2. 调查内容与指标设计

渔业资源环境调查内容主要包括海洋水文、海水化学、海洋沉积物和海洋生物调查四部分：

海洋水文调查包括水色、水温、盐度、浊度和透明度5个指标；

海水化学调查包括化学需氧量、pH、溶解氧、活性硅酸盐、活性磷酸盐、有机碳、总氮、总磷、石油类、汞、砷、铜、铅、镉、锌、总铬、六六六、滴滴涕、颗粒有机物、颗粒有机碳和无机氮21个指标；

海洋沉积物调查包括有机碳、石油类、总氮、总磷、铜、铅、锌、镉、汞、砷、硫化物、多氯联苯、多环芳烃和粒度组成14个指标；

海洋生物调查包括叶绿素、浮游植物、浮游动物、鱼类浮游生物、病原微生物、海洋初级生产力、大型底栖生物和渔业资源分析8个指标。

3. 系统建设方案设计

根据国家和辽宁省海洋与渔业信息化建设基础框架，结合大连市海洋渔业的管理需求和海洋渔业信息化建设实际，大连海域渔业资源环境管理信息系统主要内容包括大连海域渔业资源环境管理信息系统软件平台、业务应用系统、数据中心、数据库系统和安全体系五个方面。

1.3　调查方法

1. 调查区域

根据项目需求，本次调查范围西起旅顺口区老铁山海域，东至中山区老虎滩海域，海域范围为 38.24°—38.86°N、121.12°—121.68°E 的大连市所辖南部海域。调查区域如图 1-2 所示。

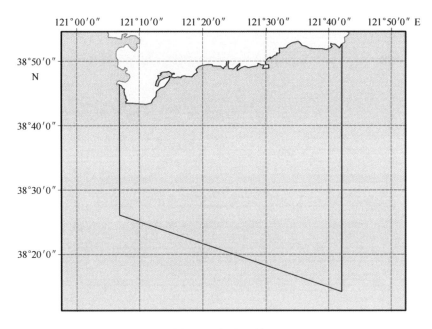

图 1-2　调查区域

2. 站位设计

根据项目海区情况，本次调查设定 A、B、C 三种主要站位类型，各类型站位调查频次、站位数量及对应指标如下。

（1）A 类站位

本次调查共设定 14 个 A 类站位，站位分布如图 1-3 所示，坐标见表 1-1。

设定调查频次为 1 次，调查指标包括：海洋水文调查部分的水深；海水化学环境调查部分的有机碳、颗粒有机物与颗粒有机碳三项指标；海洋生物调查部分的渔业资源。

按夏、冬两季设定调查频次为 2 次，调查指标为海洋生物调查部分的病原微生物。

按春、夏、秋三季设定调查频次为 3 次，调查指标为海洋水文调查部分的水色。

按春、夏、秋、冬四季设定调查频次 4 次，调查指标包括：海洋水文调查部分的水温、盐度、水色、浊度和透明度 5 项指标；海水化学调查部分的化学需氧量、溶解氧、pH、活性硅酸盐、活性磷酸盐、总氮、总磷、有机碳、颗粒有机物、颗粒有机碳、石油类、汞、砷、铜、铅、镉、锌、总铬、六六六、滴滴涕和无机氮 21 项指标；海洋生物调查部分的叶绿素、浮游植物、浮游动物、海洋初级生产力及鱼类浮游生物、病原微生物（夏、冬 2 次）、渔业资源（1 次）7 项指标。

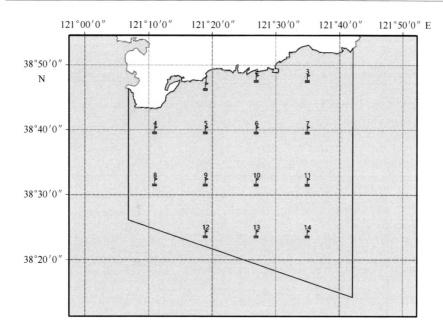

图 1-3 A 类站位分布

表 1-1 A 类站位坐标

站位号	N (°)	E (°)	站位号	N (°)	E (°)
1	38. 778 611	121. 316 666	8	38. 533 327	121. 183 333
2	38. 799 999	121. 449 997	9	38. 533 327	121. 316 665
3	38. 799 999	121. 583 329	10	38. 533 327	121. 449 997
4	38. 666 663	121. 183 333	11	38. 533 327	121. 583 329
5	38. 666 663	121. 316 665	12	38. 399 991	121. 316 665
6	38. 666 663	121. 449 997	13	38. 399 991	121. 449 997
7	38. 666 663	121. 583 329	14	38. 399 991	121. 583 329

（2）B 类站位

本次调查共设定 66 个 B 类站位，调查频次 1 次，调查指标包括：海洋沉积物调查部分的有机碳、石油类、总氮、总磷、铜、铅、锌、镉、汞、砷、硫化物、多氯联苯、多环芳烃 13 项指标。B 类站位分布如图 1-4 所示，B 类站位坐标见表 1-2。

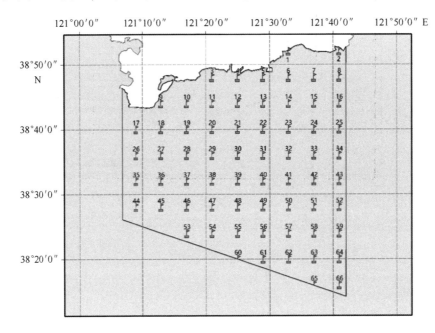

图 1-4　B 类站位分布

表 1-2　B 类站位坐标

站位号	N（°）	E（°）	站位号	N（°）	E（°）
1	38.866 667	121.549 996	5	38.799 999	121.483 333
2	38.866 667	121.683 328	6	38.799 999	121.549 996
3	38.799 999	121.349 998	7	38.799 999	121.616 662
4	38.799 999	121.416 664	8	38.799 999	121.683 328

续表

站位号	N（°）	E（°）	站位号	N（°）	E（°）
9	38.733 331	121.216 666	32	38.599 995	121.549 996
10	38.733 331	121.283 332	33	38.599 995	121.616 662
11	38.733 331	121.349 998	34	38.599 995	121.683 328
12	38.733 331	121.416 664	35	38.533 327	121.150 000
13	38.733 331	121.483 333	36	38.533 327	121.216 666
14	38.733 331	121.549 996	37	38.533 327	121.283 332
15	38.733 331	121.616 662	38	38.533 327	121.349 998
16	38.733 331	121.683 328	39	38.533 327	121.416 664
17	38.666 663	121.150 000	40	38.533 327	121.483 33
18	38.666 663	121.216 666	41	38.533 327	121.549 996
19	38.666 663	121.283 332	42	38.533 327	121.616 662
20	38.666 663	121.349 998	43	38.533 327	121.683 328
21	38.666 663	121.416 664	44	38.466 659	121.150 000
22	38.666 663	121.483 333	45	38.466 659	121.216 666
23	38.666 663	121.549 996	46	38.466 659	121.283 332
24	38.666 663	121.616 662	47	38.466 659	121.349 998
25	38.666 663	121.683 328	48	38.466 659	121.416 664
26	38.599 995	121.150 000	49	38.466 659	121.483 333
27	38.599 995	121.216 666	50	38.466 659	121.549 996
28	38.599 995	121.283 332	51	38.466 659	121.616 662
29	38.599 995	121.349 998	52	38.466 659	121.683 328
30	38.599 995	121.416 664	53	38.399 991	121.283 332
31	38.599 995	121.483 333	54	38.399 991	121.349 998

续表

站位号	N (°)	E (°)	站位号	N (°)	E (°)
55	38. 399 991	121. 416 664	61	38. 333 323	121. 483 333
56	38. 399 991	121. 483 333	62	38. 333 323	121. 549 996
57	38. 399 991	121. 549 996	63	38. 333 323	121. 616 662
58	38. 399 991	121. 616 662	64	38. 333 323	121. 683 328
59	38. 399 991	121. 683 328	65	38. 266 655	121. 616 662
60	38. 333 323	121. 416 664	66	38. 266 655	121. 683 328

（3）C 类站位

本次调查共设定 154 个 C 类站位，调查频次 1 次，调查指标包括：海洋沉积物调查部分的粒度组成与海洋生物调查中的大型底栖生物调查。C 类站位分布如图 1-5 所示，C 类站位坐标见表 1-3。

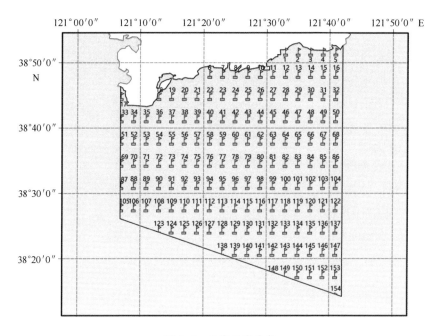

图 1-5　C 类站位分布

表 1-3　C 类站位坐标

站位号	N (°)	E (°)	站位号	N (°)	E (°)
1	38. 860 833	121. 549 996	24	38. 747 187	121. 416 664
2	38. 860 833	121. 583 329	25	38. 747 187	121. 449 997
3	38. 860 833	121. 616 662	26	38. 747 187	121. 483 333
4	38. 860 833	121. 649 995	27	38. 747 187	121. 516 663
5	38. 860 833	121. 683 328	28	38. 747 187	121. 549 996
6	38. 804 010	121. 349 998	29	38. 747 187	121. 583 329
7	38. 804 010	121. 383 331	30	38. 747 187	121. 616 662
8	38. 804 010	121. 416 664	31	38. 747 187	121. 649 995
9	38. 804 010	121. 449 997	32	38. 747 187	121. 683 328
10	38. 804 010	121. 483 333	33	38. 690 363	121. 116 667
11	38. 804 010	121. 516 663	34	38. 690 363	121. 150 000
12	38. 804 010	121. 549 996	35	38. 690 363	121. 183 333
13	38. 804 010	121. 583 329	36	38. 690 363	121. 216 666
14	38. 804 010	121. 616 662	37	38. 690 363	121. 249 999
15	38. 804 010	121. 649 995	38	38. 690 363	121. 283 332
16	38. 804 010	121. 683 328	39	38. 690 363	121. 316 665
17	38. 747 187	121. 116 667	40	38. 690 363	121. 349 998
18	38. 747 187	121. 216 666	41	38. 690 363	121. 383 331
19	38. 747 187	121. 249 999	42	38. 690 363	121. 416 664
20	38. 747 187	121. 283 332	43	38. 690 363	121. 449 997
21	38. 747 187	121. 316 665	44	38. 690 363	121. 483 333
22	38. 747 187	121. 349 998	45	38. 690 363	121. 516 663
23	38. 747 187	121. 383 331	46	38. 690 363	121. 549 996

站位号	N (°)	E (°)	站位号	N (°)	E (°)
47	38. 690 363	121. 583 329	70	38. 576 717	121. 150 000
48	38. 690 363	121. 616 662	71	38. 576 717	121. 183 333
49	38. 690 363	121. 649 995	72	38. 576 717	121. 216 666
50	38. 690 363	121. 683 328	73	38. 576 717	121. 249 999
51	38. 633 540	121. 116 667	74	38. 576 717	121. 283 332
52	38. 633 540	121. 150 000	75	38. 576 717	121. 316 665
53	38. 633 540	121. 183 333	76	38. 576 717	121. 349 998
54	38. 633 540	121. 216 666	77	38. 576 717	121. 383 331
55	38. 633 540	121. 249 999	78	38. 576 717	121. 416 664
56	38. 633 540	121. 283 332	79	38. 576 717	121. 449 997
57	38. 633 540	121. 316 665	80	38. 576 717	121. 483 333
58	38. 633 540	121. 349 998	81	38. 576 717	121. 516 663
59	38. 633 540	121. 383 331	82	38. 576 717	121. 549 996
60	38. 633 540	121. 416 664	83	38. 576 717	121. 583 329
61	38. 633 540	121. 449 997	84	38. 576 717	121. 616 662
62	38. 633 540	121. 483 333	85	38. 576 717	121. 649 995
63	38. 633 540	121. 516 663	86	38. 576 717	121. 683 328
64	38. 633 540	121. 549 996	87	38. 519 894	121. 116 667
65	38. 633 540	121. 583 329	88	38. 519 894	121. 150 000
66	38. 633 540	121. 616 662	89	38. 519 894	121. 183 333
67	38. 633 540	121. 649 995	90	38. 519 894	121. 216 666
68	38. 633 540	121. 683 328	91	38. 519 894	121. 249 999
69	38. 576 717	121. 116 667	92	38. 519 894	121. 283 332

续表

站位号	N（°）	E（°）	站位号	N（°）	E（°）
93	38.519 894	121.316 665	116	38.463 071	121.483 333
94	38.519 894	121.349 998	117	38.463 071	121.516 663
95	38.519 894	121.383 331	118	38.463 071	121.549 996
96	38.519 894	121.416 664	119	38.463 071	121.583 329
97	38.519 894	121.449 997	120	38.463 071	121.616 662
98	38.519 894	121.483 333	121	38.463 071	121.649 995
99	38.519 894	121.516 663	122	38.463 071	121.683 328
100	38.519 894	121.549 996	123	38.406 248	121.216 666
101	38.519 894	121.583 329	124	38.406 248	121.249 999
102	38.519 894	121.616 662	125	38.406 248	121.283 332
103	38.519 894	121.649 995	126	38.406 248	121.316 665
104	38.519 894	121.683 328	127	38.406 248	121.349 998
105	38.463 071	121.116 667	128	38.406 248	121.383 331
106	38.463 071	121.150 000	129	38.406 248	121.416 664
107	38.463 071	121.183 333	130	38.406 248	121.449 997
108	38.463 071	121.216 666	131	38.406 248	121.483 333
109	38.463 071	121.249 999	132	38.406 248	121.516 663
110	38.463 071	121.283 332	133	38.406 248	121.549 996
111	38.463 071	121.316 665	134	38.406 248	121.583 329
112	38.463 071	121.349 998	135	38.406 248	121.616 662
113	38.463 071	121.383 331	136	38.406 248	121.649 995
114	38.463 071	121.416 664	137	38.406 248	121.683 328
115	38.463 071	121.449 997	138	38.349 424	121.383 331

续表

站位号	N（°）	E（°）	站位号	N（°）	E（°）
139	38. 349 424	121. 416 664	147	38. 349 424	121. 683 328
140	38. 349 424	121. 449 997	148	38. 292 601	121. 516 663
141	38. 349 424	121. 483 333	149	38. 292 601	121. 549 996
142	38. 349 424	121. 516 663	150	38. 292 601	121. 583 329
143	38. 349 424	121. 549 996	151	38. 292 601	121. 616 662
144	38. 349 424	121. 583 329	152	38. 292 601	121. 649 995
145	38. 349 424	121. 616 662	153	38. 292 601	121. 683 328
146	38. 349 424	121. 649 995	154	38. 235 778	121. 683 328

3. 调查评价方法

（1）海洋水文调查

现场采样、实验室分析以及指标测量按照《海洋调查规范第 1 部分：总则》（GB/T 12763.1—2007）、《海洋调查规范第 2 部分：海洋水文观测》（GB/T 12763.2—2007）、《海洋调查规范第 3 部分：海洋气象观测》（GB/T 12763.3—2007）、《海洋调查规范第 7 部分：海洋调查资料交换》（GB/T 12763.7—2007）以及《海洋监测规范第 4 部分：海水分析》（GB 17378.4—2007）等标准方法执行。调查技术方法见表 1-4。

表 1-4　海洋水文调查方法

技术指标	技术方法			使用仪器
	测试频率（次/海区）	测试方法	引用标准	
盐度	4	盐度计法	GB/T 12763.2—2007	温盐深仪
水温	4	CTD 法	GB/T 12763.2—2007	温盐深仪

技术指标	技术方法			使用仪器
	测试频率（次/海区）	测试方法	引用标准	
透明度	4	透明度盘法	GB/T 12763.2—2007	透明度盘
浊度	4	浊度计法	GB/T 17378.4—2007	浊度计
水色	3	比色法	GB/T 12763.2—2007	透明度盘

（2）海水化学调查

现场采样、实验室分析以及指标测量严格按照《海洋调查规范第 1 部分：总则》（GB/T 12763.1—2007）、《海洋调查规范第 2 部分：海洋水文观测》（GB/T 12763.2—2007）、《海洋调查规范第 4 部分：海水化学要素调查》（GB/T 12763.4—2007）、《海洋调查规范第 7 部分：海洋调查资料交换》（GB/T 12763.7—2007）以及《海洋监测规范第 4 部分：海水分析》（GB 17378.4—2007）等标准方法执行。调查技术方法见表 1-5。

（3）海洋沉积物调查

现场采样、实验室分析以及指标测量严格按照《海洋调查规范第 1 部分：总则》（GB/T 12763.1—2007）、《海洋调查规范第 5 部分：海洋声、光要素调查》（GB/T 12763.5—2007）、《海洋调查规范第 8 部分：海洋地质地球物理调查》（GB/T 12763.8—2007）、《海洋调查规范第 7 部分：海洋调查资料交换》（GB/T 12763.7—2007）、《海洋调查规范第 10 部分：海底地形地貌调查》（GB/T 12763.10—2007）以及《海洋监测规范第 5 部分：沉积物分析》（GB 17378.5—2007）等标准方法执行。调查技术方法见表 1-6。

表 1-5　海水化学调查方法

技术指标	技术方法			使用仪器
	测试频率（次/海区）	测试方法	引用标准	
溶解氧	4	碘量法	GB/T 12763.4—2007	溶解氧滴定仪
pH	4	pH 计法	GB 17378.4—2007	pH 计
化学需氧量	4	碱性高锰酸钾法	GB 17378.4—2007	溶解氧滴定仪
亚硝酸盐	4	萘乙二胺分光光度法	GB/T 12763.4—2007	分光光度计
硝酸盐	4	锌镉还原法	GB/T 12763.4—2007	分光光度计
氨氮	4	次溴酸盐氧化法	GB/T 12763.4—2007	分光光度计
活性硅酸盐	4	硅钼黄法	GB/T 12763.4—2007	分光光度计
活性磷酸盐	4	磷钼蓝分光光度法	GB/T 12763.4—2007	分光光度计
有机碳	1	有机碳仪器法	GB 17378.4—2007	分光光度计
总氮	4	过硫酸钾氧化法	GB/T 12763.4—2007	分光光度计
总磷	4	过硫酸钾氧化法	GB/T 12763.4—2007	分光光度计
石油类	4	荧光分光光度法	GB 17378.4—2007	紫外分光光度计
汞	4	原子荧光法	GB 17378.4—2007	原子荧光光度计
砷	4	原子荧光法	GB 17378.4—2007	原子荧光光度计
铜	4	无火焰原子吸收分光光度法	GB 17378.4—2007	无火焰原子吸收分光光度计
铅	4	无火焰原子吸收分光光度法	GB 17378.4—2007	无火焰原子吸收分光光度计
镉	4	无火焰原子吸收分光光度法	GB 17378.4—2007	无火焰原子吸收分光光度计
锌	4	火焰原子吸收分光光度法	GB 17378.4—2007	火焰原子吸收分光光度计

技术指标	技术方法			使用仪器
	测试频率 （次/海区）	测试方法	引用标准	
总铬	4	无火焰原子吸收分光光度法	GB 17378.4—2007	无火焰原子吸收分光光度计
六六六	4	气象色谱法	GB 17378.4—2007	气象色谱仪
滴滴涕	4	气象色谱法	GB 17378.4—2007	气象色谱仪
颗粒有机物	1	马氟炉法	GB/T 12763.4—2007	筛绢
颗粒有机碳	1	元素分析仪	GB/T 12763.4—2007	非色散红外线二氧化碳气体分析仪
无机氮	4	氨氮、亚硝酸盐氮、硝酸盐氮的总和	GB/T 12763.4—2007	分光光度计

表 1-6 沉积物调查方法

技术指标	技术方法			使用仪器
	测试频率 （次/站位）	测试方法	引用标准	
有机碳	1	重铬酸钾氧化—还原容量法	GB 17378.4—2007	分光光度计
石油类	1	荧光分光光度法	GB 17378.4—2007	紫外分光光度计
总氮	1	凯式滴定法	GB/T 12763.4—2007	分光光度计
总磷	1	分光光度法	GB/T 12763.4—2007	分光光度计
铜	1	无火焰原子吸收分光光度法	GB 17378.4—2007	无火焰原子吸收分光光度计
铅	1	无火焰原子吸收分光光度法	GB 17378.4—2007	无火焰原子吸收分光光度计

技术指标	技术方法			使用仪器
	测试频率（次/站位）	测试方法	引用标准	
锌	1	火焰原子吸收分光光度法	GB 17378.4—2007	火焰原子吸收分光光度计
镉	1	无火焰原子吸收分光光度法	GB 17378.4—2007	无火焰原子吸收分光光度计
汞	1	原子荧光法	GB 17378.4—2007	原子荧光光度计
砷	1	原子荧光法	GB 17378.4—2007	原子荧光光度计
硫化物	1	亚甲基蓝分光光度法	GB 17378.4—2007	分光光度计
多氯联苯	1	气相色谱法	GB 17378.4-2007	气相色谱仪
多环芳烃	1	气相色谱/质谱联用法	HY/T 147.2—2013	气质联用仪
粒度组成	1	激光法/筛分法	GB/T 12763.8—2007	粒度分析仪

（4）海洋生物调查

现场采样、实验室分析以及指标测量严格按照《海洋调查规范第1部分：总则》（GB/T 12763.1—2007）、《海洋调查规范第6部分：海洋生物调查》（GB/T 12763.6—2007）以及《海洋调查规范第7部分：海洋调查资料交换》（GB/T 12763.7—2007）等标准方法执行。调查技术方法见表1-7。

表 1-7 海洋生物调查方法

技术指标	技术方法			使用仪器
	测试频率 (次/海区)	测试方法	引用标准	
叶绿素	4	粒度分级测定	GB/T 12763.6—2007	流式细胞仪
浮游植物	4	镜检	GB/T 12763.6—2007	解剖镜
浮游动物	4	镜检	GB/T 12763.6—2007	解剖镜
海洋初级生产力	4	粒度分级测定	GB/T 12763.6—2007	流式细胞仪
鱼类浮游生物	4	镜检	GB/T 12763.6—2007	解剖镜
病原微生物	2	发酵法/平板计数法	GB/T 12763.6—2007	显微镜
大型底栖生物	1	镜检	GB/T 12763.6—2007	解剖镜
渔业资源	1	目测法	GB/T 12763.6—2007	电子秤

1.4 组织实施

本项目由大连海洋大学牵头，组织协调相关专业高校及科研院所的专业团队，成立大连海域渔业资源环境普查 I 期工程项目组，项目组下设若干子课题组。

大连海域渔业资源环境普查 I 期工程项目组下设渔业资源环境调查课题组和渔业资源环境管理信息系统建设课题组，在项目管理办公室的统一协调下开展项目工作。其中，渔业资源环境调查课题组下设海洋水文调查小组、海水化学调查小组、海洋沉积物调查小组和海洋生物调查小组；渔业资源环境管理信息系统建设课题组下设管理信息系统平台建设小组、子业务应用系统建设小组、系统开发建设小组、数据录入建设小组和安全体系建设小组五个小组。项目组织结构如图 1-6 所示。

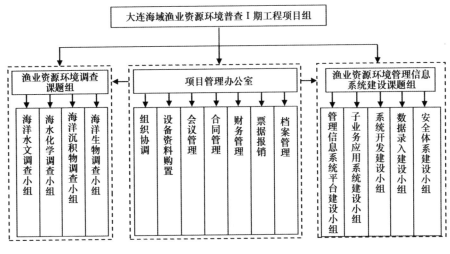

图 1-6 项目组织结构

1.5 质量保障与控制

本项目是大连市首次组织大规模的渔业资源环境调查工作，海域类型复杂、技术方法多样、考察指标全面；调查工作涉及诸多沿海基层渔业管理机构和沿海生产单位，背景复杂、过程烦琐、工作量大，这些因素不可避免地给项目工作带来一定风险。为保障项目顺利实施，项目组建立了一套质量保障与控制体系。

1. 质量保障

（1）技术保障

调查人员必须参加技术培训，学习项目工作手册及有关业务知识。培训主要内容有：①主要调查技术标准；②电子海图的识别使用；③调查仪器、设备与数表的使用；④ GPS 基础知识与应用；⑤ GIS 基础知识与数据汇总。

（2）资料保障

资料保障内容包括：①调查海域海图或电子海图收集、购置；②调查海域或周边海域海洋水文相关成果资料收集；③调查海域或周边海域海水化学环境相关成果资料收集；④调查海域或周边海域海洋沉积环境相关成果资料收集；⑤调查海域或周边海域海洋生物相关成果资料收集；⑥大连市现有养殖渔业管理平台的系统开发环境与功能设计相关成果资料收集；⑦外业调查所需图表和表格准备；⑧调查相关技术标准资料准备；⑨项目工作手册准备。

（3）仪器设备保障

项目配备仪器包括：水文绞车、GPS、温盐深测量系统、pH计、电子天平、溶解氧滴定仪、721分光光度计、紫外分光光度计、原子荧光光度计、无火焰原子吸收分光光度计、火焰原子吸收分光光度计、气相色谱仪、非色散红外线二氧化碳气体分析仪、气质联用仪、粒度分析仪、流式细胞仪、解剖镜、PCR仪、电子秤、球阀采水器、配套相关化学试剂及耗材。

项目配备设备包括：图形及数据录入工作站、移动工作站、照相机、打印机、硬盘、移动硬盘、U盘、刻录机、录音笔、网络路由器键盘、鼠标及相关办公材料及耗材等。

2. 质量控制

（1）调查过程控制

制订详细的项目实施方案，明确项目内容及进度，落实项目分工及负责人员。外业调查过程中严格按相关调查规范、标准操作；同时，按要求准确填写现场记录表，并妥善存放采集样品。调查船舶靠岸后，按规定将样品送回实验室分析。

外业调查前及时关注天气及海况条件，并与相关主管部门沟通项目出海时间，在禁渔期等特殊时期，需要到渔业主管部门办理审批手续。调查船舶应具备所有有效证件，船上需配备通信及定位系统。根据调查内容及工作量情况，选择不同马力、不同材质、不同规格的调查船舶，并提出其他辅助设备以满足调查需要。

（2）内业分析控制

样品到达实验室后，按相关要求保存处理，在规定时间内安排具有样品分析测试能力及经验的团队或个人参照国家、行业相关标准化验分析。对不符合专项技术规程要求和相应技术规范、标准的样品，必须进行重测或重新采集。

（3）系统平台建设控制

制订详细的系统建设方案和项目进度，根据系统建设任务设子任务小组，安排专人负责，各系统建设小组定期沟通进度。同时，系统建设小组定期与招标单位沟通系统开发建设进度与功能，根据招标单位反馈意见及时进行修改与沟通。

第 2 章　海洋水文调查

海洋水文的调查与海区环境保护、渔业捕捞、海水养殖资源的开发有密切的关系。本调查过程中考虑到项目目的及调查海域基本情况共设置了 14 个水文观测站位（图 2-1），调查的水文要素包括海水温度、海水盐度、水色、浊度和透明度。

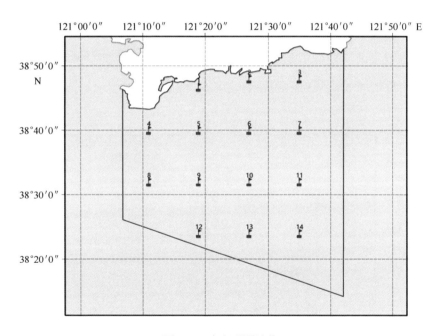

图 2-1　水文观测站位

2.1 海水温度

调查海域水温的变化主要取决于气候和太阳辐射等因素，通常春季和夏季为升温期，夏季水温最高；秋季和冬季为降温期，冬季水温最低。

1. 春季

春季气温回升，天气变暖，水温逐渐升高。表层水温分布趋势呈现近岸水温较高、远岸水温较低的格局，这是由于沿岸海水受陆地热辐射的影响，增温速度比远岸快的缘故；同时，在老铁山角附近存在一个冷水块，中心值低于11℃（图2-2）。高温区主要集中在2号和3号站附近的海域，调查期间的最高水温为13.1℃；低温区集中出现在11~14号站附近的海域，调查期间的最低水温为11.3℃。

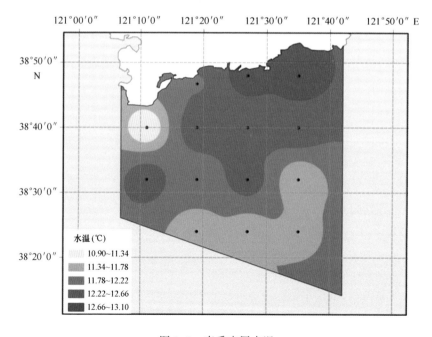

图2-2　春季表层水温

底层水温分布与表层相似（图 2-3），仍然呈现近岸高、远岸低且在老铁山角存在冷水块的格局，但在 9 号和 10 号站分别存在一个较小的冷水区和暖水区。

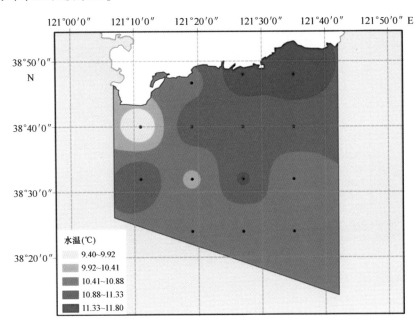

图 2-3　春季底层水温

2. 夏季

夏季太阳辐射较强，是海水温度最高的季节。表层海水温度分布趋势主要呈现西侧较高、东侧较低的格局（见图 2-4）。高温区出现在 4 号和 9 号站附近的海域，调查期间的最高水温为 27.2℃；低温区出现在 7 号和 14 号站附近的海域，调查期间的最低水温为 24.3℃。

底层水温分布与表层截然不同，呈现在老铁山角近岸一侧和东南远岸一侧温度较低，而在老铁山远岸一侧和东北近岸一侧温度较高的格局

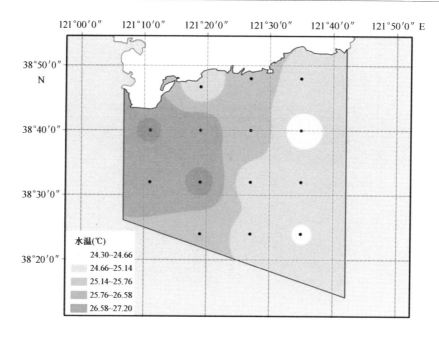

图 2-4 夏季表层水温

（见图 2-5）。高温区出现在 3 号和 8 号站附近的海域，调查期间的最高水温为 26.4℃，低温区出现在 1 号和 4 号站附近的海域，调查期间的最低水温为 24.2℃。

3. 秋季

秋季和前两季相反，海水温度逐渐下降，水温分布正向冬季特征转化。这是由于太阳辐射逐渐减弱，气温下降，海水向大气的辐射会加强，近岸一侧由于陆地降温迅速，海上向陆地的热输送加强，使近岸海水降温较快。表层海水温度呈现近岸一侧水温较低、远岸一侧水温较高的格局；同时，水温分布存在自西向东逐步升高的现象，并在老铁山角远岸一测存在一个冷水区域（见图 2-6）。高温区出现在 7 号站附近的

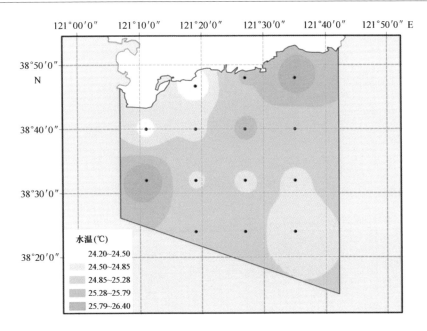

图 2-5　夏季底层水温

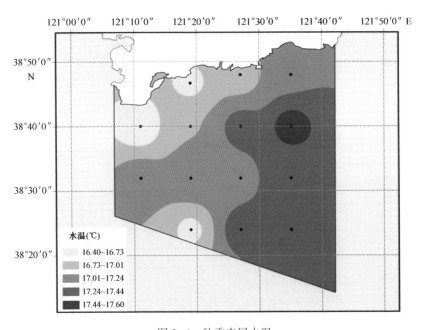

图 2-6　秋季表层水温

海域，调查期间的最高水温为 17.6℃；低温区出现在 1 号、4 号和 12 号站附近的海域，调查期间的最低水温为 16.6℃。

底层水温分布与表层相似（图 2-7），仍然是近岸低、远岸高，西侧低、东侧高的格局，但西侧近岸冷水区域面积较表层大，东侧远岸暖水区较表层小。高温区出现在 7 号和 13 号站附近的海域，调查期间的最高水温为 17.2℃；低温区出现在 1 号、2 号和 4 号站附近的海域，调查期间的最低水温为 16.4℃。

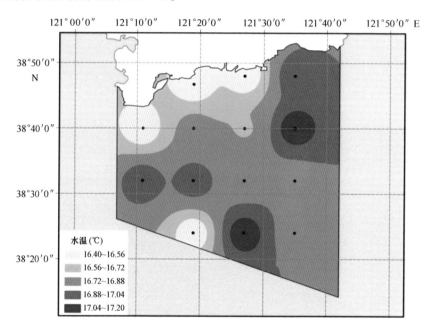

图 2-7　秋季底层水温

4. 冬季

冬季是全年太阳辐射最弱，海水温度最低的季节。表层海水温度分布趋势呈现近岸一侧较高、远岸一侧较低的格局，表层水温略高于气温，等温线分布大体与海岸线平行，并在 9 号站附近存在一个水温较低的区域（图 2-8）。高温区出现在 11 号和 13 号站附近的海域，调查期间的最高水温为 6.3℃；低温区出现在 1 号、2 号和 4 号站附近的海域，调查期间的最低水温为 2.5℃。

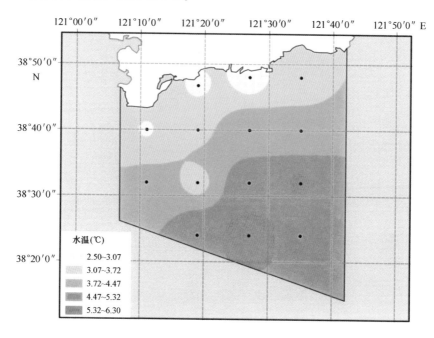

图 2-8　冬季表层水温

底层水温分布与表层相似（见图 2-9），仍然是近岸一侧较高、远岸一侧较低的格局，但近岸侧冷水区域面积较小，且东侧远岸暖水区面积较表层大。高温区出现在 11 号、12 号和 13 号站附近的海域，调查期间的最高水温为 6.8℃；低温区出现在 2 号站附近的海域，调查期间的最低水温为 2.3℃。

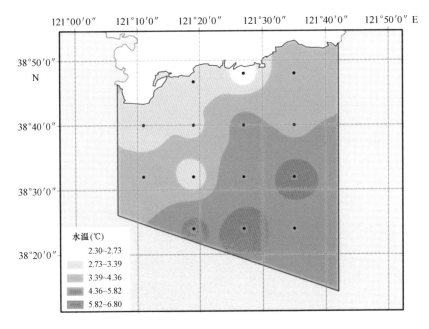

图 2-9　冬季底层水温

2.2　海水盐度

调查海域盐度的变化主要受河流淡水的注入及降水等因素的影响。调查海域盐度总体四季变化较小：表层为 31.407~32.561，底层为 31.745~32.439。

1. 春季

春季海水表层盐度分布呈现近岸及远岸两侧较低、中间海域较高的趋势（见图 2-10）。高盐区主要出现在 7 号和 8 号站附近的海域，调查期间的最高盐度为 32.437；低盐区出现在 13 号站附近的海域，调查期间的最低盐度为 31.823。

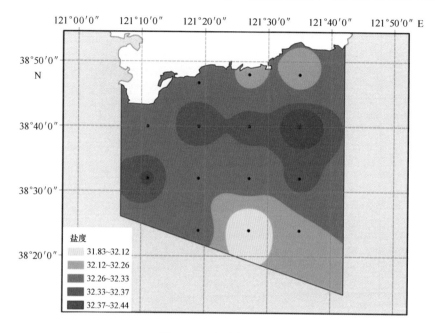

图 2-10　春季表层盐度

　　春季海水底层盐度分布呈现东南远岸一侧较低、中间海域较高的趋势（见图 2-11）。高盐区主要出现在 6 号、7 号和 10 号站附近的海域，调查期间的最高盐度为 32.433，低盐区出现在 13 号站附近的海域，调查期间的最低盐度为 32.135。

　　2. 夏季

　　夏季海水表层盐度分布呈现近岸及远岸两侧较低、中间海域较高的趋势（见图 2-12）。高盐区出现在 8 号和 11 号站附近的海域，调查期间的最高盐度为 32.437；低盐区出现在 13 号站附近的海域，调查期间的最低盐度为 31.407。

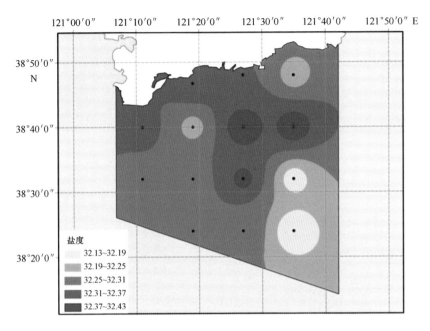

图 2-11 春季底层盐度

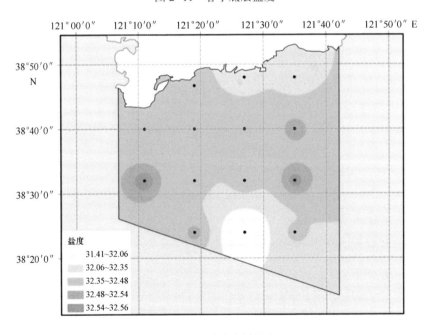

图 2-12 夏季表层盐度

　　夏季海水底层盐度分布呈现近岸一侧较低、中间海域较高的趋势
（图 2-13）。高盐区主要出现在 7 号和 8 号站附近的海域，调查期间的
最高盐度为 32.439；低盐区出现在 3 号站附近的海域，调查期间的最低
盐度为 32.144。

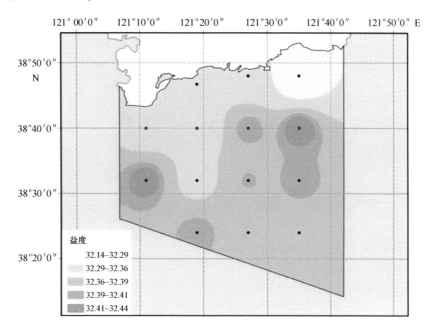

图 2-13　夏季底层盐度

3. 秋季

　　秋季海水表层盐度分布呈现近岸东北侧及远岸西南侧较低、中间海
域较高的趋势（见图 2-14）。高盐区出现在 2 号、5 号、10 号和 11 号
站附近的海域，调查期间的最高盐度为 32.379；低盐区出现在 3 号、7
号和 8 号站附近的海域，调查期间的最低盐度为 31.939。

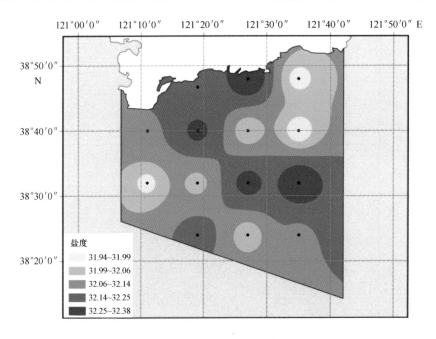

图 2-14　秋季表层盐度

　　秋季海水底层盐度分布呈现近岸及远岸两侧较高、中间海域较低的趋势（见图 2-15）。高盐区主要出现在 10 号和 11 号站附近的海域，调查期间的最高盐度为 32.144；低盐区出现在 4 号和 6 号站附近的海域，调查期间的最低盐度为 31.745。

　　4. 冬季

　　冬季海水表层盐度分布呈现近岸西北侧较低、东南侧海域较高的趋势（见图 2-16）。高盐区出现在 6 号和 14 号站附近的海域，调查期间的最高盐度为 32.441；低盐区出现在 4 号站附近的海域，调查期间的最低盐度为 32.236。

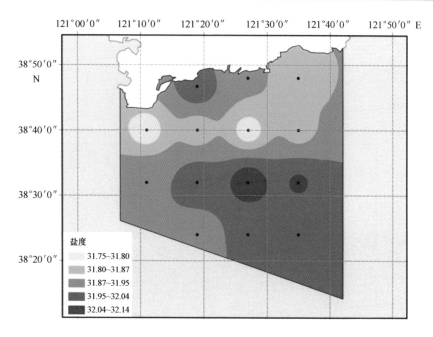

图 2-15　秋季底层盐度

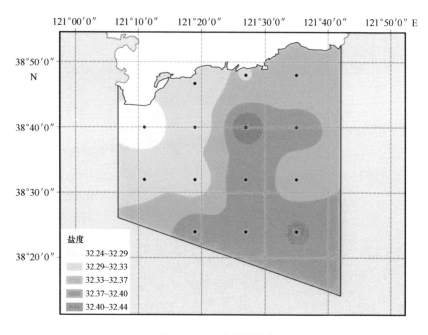

图 2-16　冬季表层盐度

　　冬季海水底层盐度分布呈现四周区域相对较高、中心区域较低的趋势（图 2-17）。高盐区主要出现在 6 号和 10 号站附近的海域，调查期间的最高盐度为 32.434；低盐区出现在 1 号站附近的海域，调查期间的最低盐度为 32.304。

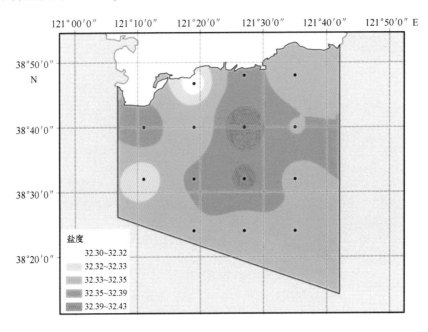

图 2-17　冬季底层盐度

2.3　水色

　　水色表示海水的颜色，是由水质点及海水中的悬浮质点所散射的光线来决定的，取决于海水的光学特性，是海水光学性质的基本参数。一般情况下，近岸浅水区，水色季节变化明显；外海深水区，水色季节变化较小；浅水区水色低，水色号大，海水呈现褐黄色、黄褐色甚至褐色，深水区水色高，水色号小，海水呈现绿天蓝色、天蓝色甚至蓝色。

影响水色分布及变化的主要因素是海水中悬浮物质的多少和浮游生物含量的多少，与浮游植物的现存量和初级生产力之间也有一定的关系。

春季，水色较高，仅老铁山南侧海域呈现绿天蓝色，水色为 5 号；其余海域水色均为天蓝色，水色为 3~4 号。

夏季，对流混合较弱，是一年中水色最高的季节。夏季水色的分布趋势与春季类似，均以天蓝色为主，老铁山南侧近岸海域与 1 号站附近海域水色有所升高，呈天蓝色，水色为 3~4 号；5 号站水色略降低，呈现绿天蓝色，水色为 5 号。

秋季，对流混合增强，海水浑浊加大，水色降低，因此秋季是水色回落的时期。调查海域水色呈现自西向东逐渐升高的趋势，其中老铁山南侧近岸海域呈现黄绿色，水色为 12 号；12 号站呈现蓝绿色，水色为 7 号；7 号站位变化较小，呈现天蓝色，水色为 4 号；其余站位均呈现绿天蓝色，水色为 5~6 号。

表 2-1　水色统计

站位	春季	夏季	秋季	冬季
1	4	3	6	—
2	3	3	5	—
3	4	4	5	—
4	5	4	12	—
5	4	5	6	—
6	4	4	6	—
7	3	3	4	—
8	3	3	6	—
9	3	3	6	

续表

站位	春季	夏季	秋季	冬季
10	3	3	6	—
11	3	3	5	—
12	3	3	7	—
13	3	3	5	—
14	3	3	5	—

2.4 透明度

透明度是海水能见程度的一个量度，即光线在海水中的衰减程度，是透明板垂直沉入海水中的最大可见深度。它取决于海水的光学特性，是海水光学性质的基本参数，海水中光线越强，透入越深，透明度越高，反之则越低；同时，海水的透明度与水色也有着密切关系，一般来说，透明度高水色高，透明度低水色低。其分布及变化受海水中悬浮物质的多少和浮游生物的含量影响。

春季，透明度较高，调查海域透明度呈现自东北侧至西南侧逐渐升高的趋势，为4~7.5 m，但在调查海域东南侧有一个低透明度区域，透明度为6 m（表2-2）。

表2-2　透明度统计　　　　　　　　　　　单位：m

站位	春季	夏季	秋季	冬季
1	5.0	9.0	5.0	1.3
2	4.5	6.8	5.0	4.0
3	4.0	5.0	5.3	3.1

站位	春季	夏季	秋季	冬季
4	5.5	8.5	1.5	4.5
5	6.5	8.0	7.0	4.1
6	6.5	7.0	7.5	4.2
7	6.5	7.5	9.0	3.9
8	7.5	8.9	7.0	5.0
9	7.5	10.5	7.0	4.8
10	6.0	7.5	7.0	1.6
11	7.0	7.5	7.5	2.3
12	7.5	9.0	6.5	1.7
13	6.0	7.0	6.0	3.9
14	6.0	7.0	8.0	3.8

夏季，表层水温达到全年最高，对流混合较弱，是一年中透明度最高的季节。夏季透明度呈现西侧较高、东侧较低的分布趋势，3 号站透明度最低，为 5 m；9 号站透明度最高，为 10.5 m。

秋季，风力增强，对流混合开始增强，海水稳定度减小，使海水透明度普遍下降。海水的透明度呈现东侧较高、西侧较低的趋势，其中老铁山南侧近岸 4 号站下降幅度较大，透明度仅为 1.5 m，与调查中水色突然降低（12 号站）相呼应；调查中其余站位透明度为 5~9 m。

冬季，风强浪大，海水对流混合最强，使泥沙上搅，海水浑浊，海水的透明度达到最低。总体呈现西侧较大、东侧较小的分布趋势，但在 1 号、10 号和 12 号站出现 3 个透明度低于 2 m 的区域，与该地区水深相对较浅和底质粒度较小等综合因素有关。

2.5 浊度

海水浊度是指悬浮或均匀分布于海水中的可溶性微小颗粒物质或可溶性有机与无机化合物等对海水中入射光线的散射、吸收导致光线的衰减程度，是表征海水光学现象的物理特征指标，受风浪、潮汐及季节的影响变化幅度较大。

春季，表层海水浊度较低，调查海域浊度大体呈由东北侧及西南侧向中间海域逐渐升高的格局，浊度最低点为 12 号站，浊度为 0.244，最高点为 5 号站，浊度为 0.421。底层海水浊度略高于表层，呈东西两侧向中间逐渐升高的格局，浊度最低点为 3 号站，浊度为 0.164，最高点为 9 号站，浊度为 0.469，见表 2-3。

表 2-3　浊度统计

站位	春季		夏季		秋季		冬季	
	表层	底层	表层	底层	表层	底层	表层	底层
1	0.364	0.336	0.363	0.337	0.395	0.734	0.668	—
2	0.249	0.280	0.249	0.280	0.688	0.774	0.841	—
3	0.288	0.164	0.287	0.165	0.506	0.721	0.989	—
4	0.350	0.302	0.349	0.303	0.419	0.882	0.917	—
5	0.421	0.392	0.421	0.404	0.436	0.635	0.705	—
6	0.376	0.391	0.375	0.392	0.490	0.863	0.614	—
7	0.266	0.288	0.265	0.289	0.275	0.661	0.847	—
8	0.258	0.309	0.257	0.309	0.290	0.536	0.929	—
9	0.265	0.469	0.263	0.470	0.397	0.438	0.777	—
10	0.346	0.374	0.345	0.375	0.424	0.870	0.436	—

站位	春季		夏季		秋季		冬季	
	表层	底层	表层	底层	表层	底层	表层	底层
11	0.313	0.297	0.312	0.298	0.255	0.613	0.887	—
12	0.244	0.276	0.243	0.277	0.306	0.495	1.030	—
13	0.312	0.395	0.310	0.395	0.317	0.553	1.092	—
14	0.361	0.344	0.360	0.345	0.280	0.194	0.833	

夏季，表层海水浊度较低，与春季表层海水浊度变化趋势相差不大，依旧大体呈由东北侧及西南侧向中间海域逐渐升高的格局，浊度最低点为 12 号站，浊度为 0.243，最高点为 5 号站，浊度为 0.421。底层海水浊度略高于表层，与春季底层海水浊度变化趋势相差不大，呈东西两侧向中间逐渐升高的格局，浊度最低点为 3 号站，浊度为 0.165，最高点为 9 号站，浊度为 0.470。

秋季，对流混合开始增强，海水稳定度减小，使海水浊度增高。表层海水浊度较夏季增加幅度较低，呈东西两侧向中间逐渐升高的格局，浊度最低点为 11 号站，浊度为 0.255，最高点为 2 号站，浊度为 0.688。底层海水浊度较表层增加较大，且较夏季浊度增加幅度较大，各站位浊度变化幅度较大，浊度最低点为 14 号站，浊度为 0.194，最高点为 4 号站，浊度为 0.882。

冬季，风强浪大，海水对流混合最强，海水浑浊，海水的浊度达到最高。冬季仅检测表层海水浊度，总体呈自四周海域至中心海域逐渐降低的趋势。各站位浊度变化幅度较大，浊度最低点为 10 号站，浊度为 0.436，最高点为 13 号站，浊度为 1.092。

第3章 海水化学调查

海水化学是海洋科学的重要分支之一。它主要研究海洋环境中各种物质的含量、存在形式、分布特征及其迁移变化规律。我国有关海水化学调查研究工作的开展是20世纪50—60年代的全国海洋普查，60余年来，历经几代工作者的努力，我国海水化学的研究发展迅猛，基本摸清了各化学要素大体的分布变化规律和区域特征。本项目调查过程中设置的14个观测站位（见图2-1），调查要素包括溶解氧、pH、化学需氧量、无机氮、活性硅酸盐、活性磷酸盐、有机碳、总氮、总磷、颗粒有机碳、颗粒有机物、铜、铅、锌、镉、总铬、汞、砷、石油类、六六六、滴滴涕。

3.1 溶解氧

溶解氧（DO）是海洋生命活动不可缺少的物质，大气中的氧气可大量溶入表层海水，绿色植物进行光合作用所放出的游离氧也是海洋溶解氧的重要来源。相反，海洋生物的呼吸作用以及有机物质分解成各种无机物质消耗了大量的氧气。溶解氧在海洋中的分布，既受化学过程和生物过程的影响，也受物理过程的影响。

1. 春季

春季气温回升，天气变暖，水温逐渐升高，海水的溶解氧浓度有所下降。表层溶解氧分布变化幅度不大，溶解氧浓度最高点在 1 号站，浓度为 8.61 mg/L，最低点在 13 号站，浓度为 8.51 mg/L（图 3-1）；底层溶解氧分布变化幅度不大，浓度略小于表层海水，溶解氧浓度最高点为 13 号站，浓度为 8.53 mg/L，最低点在 4 号和 8 号站，浓度均为 8.41 mg/L（图 3-2）。

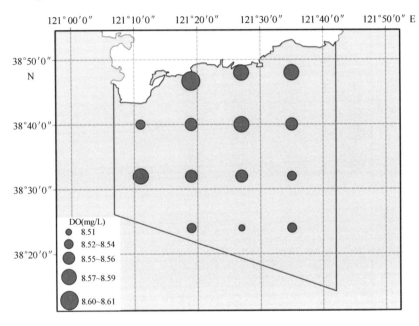

图 3-1　春季表层溶解氧浓度

2. 夏季

夏季气温升高，水温升到全年最高，海水的溶解氧达到全年最低。表层溶解氧分布变化幅度较春季有所上升，溶解氧浓度最高点在 2 号、3 号、7 号和 8 号站，浓度均为 7.98 mg/L，最低点在 4 号站，浓度为 7.81 mg/L（见图 3-3）；底层溶解氧分布变化幅度不大，溶解氧浓度略小于表层海水，浓度最高点在 1 号站，为 7.92 mg/L，最低点在 8 号站，浓度为 7.75 mg/L（见图 3-4）。

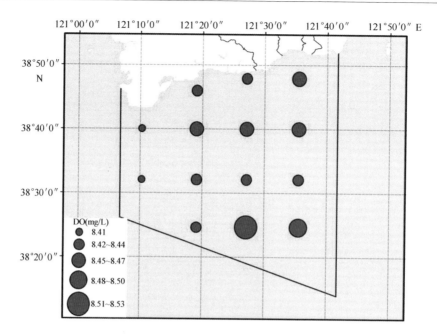

图 3-2　春季底层溶解氧浓度

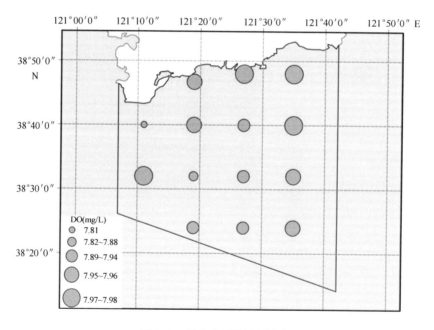

图 3-3　夏季表层溶解氧浓度

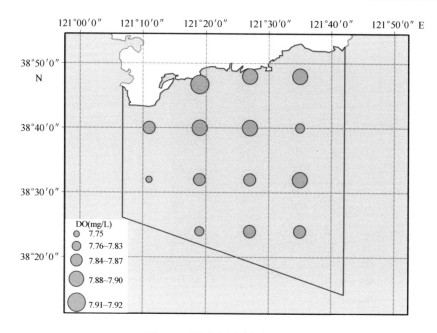

图 3-4　夏季底层溶解氧浓度

3. 秋季

秋季气温下降，水温逐渐降低，海水的溶解氧浓度有所上升。表层溶解氧分布变化幅度不大，溶解氧浓度最高点在 5 号站，浓度为 8.19 mg/L，最低点在 9 号站，为 8.00 mg/L（见图 3-5）；底层溶解氧分布变化幅度不大，溶解氧浓度略大于表层海水，最高点在 2 号站，溶解氧浓度为 8.18 mg/L，最低点在 12 号站，为 8.07 mg/L（见图3-6）。

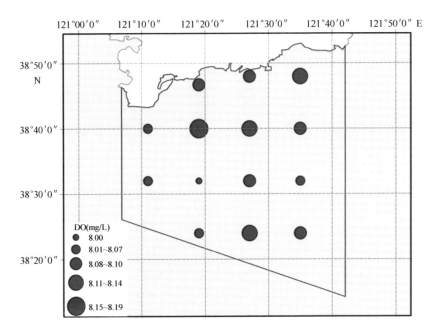

图 3-5　秋季表层溶解氧浓度

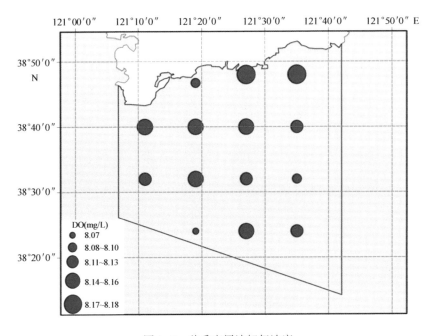

图 3-6　秋季底层溶解氧浓度

4. 冬季

冬季气温骤降，风力加大造成海空交换剧烈，加之水温大幅降低，氧气在海水中溶解度增加，海水的溶解氧浓度大幅增加，是全年溶解氧浓度最高的季节。表层溶解氧分布变化幅度较大，溶解氧浓度最高点在2号站，为 12.40 mg/L，最低点在 10 号站，为 11.83 mg/L（图 3-7）；底层溶解氧分布变化幅度不大，溶解氧浓度略低于表层海水，最高点在6号站，浓度为 12.12 mg/L，最低点在 1 号站，为 11.67 mg/L（见图3-8）。

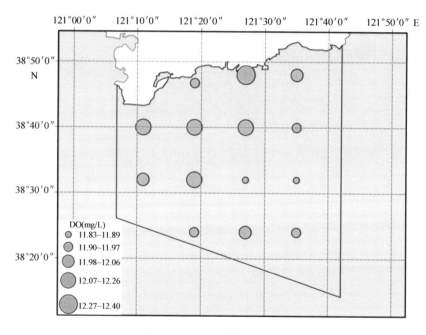

图 3-7　冬季表层溶解氧浓度

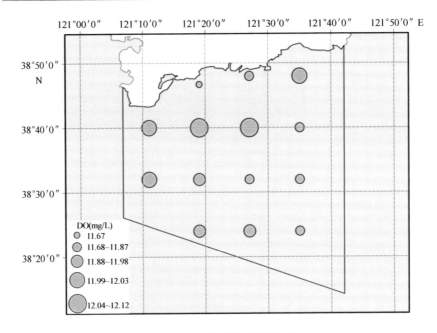

图 3-8 冬季底层溶解氧浓度

3.2 pH

海水 pH 是海水的化学要素之一，海水 pH 值变化幅度不大，一般在 7.5~8.5，表层海水 pH 值一般稳定在 8.1±0.2，深层海水的 pH 值一般在 7.5~7.8 之间波动。海水 pH 是生物栖息环境的主要因素之一，生物的同化、异化作用也能影响海水 pH 的变化。

1. 春季

春季气温回升，天气变暖，水温逐渐升高，海水的 pH 有所下降。表层 pH 分布变化幅度不大，pH 最高点在 5 号和 7 号站，pH 值为 7.98，最低点在 10 号站，pH 值为 7.92（见图 3-9）；底层 pH 分布变化幅度不大，pH 最高点在 6 号和 7 号站，pH 值为 7.98，最低点在 1 号站，pH

值为 7.93（图 3-10）。

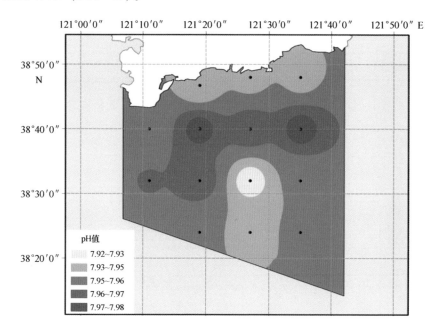

图 3-9　春季表层 pH

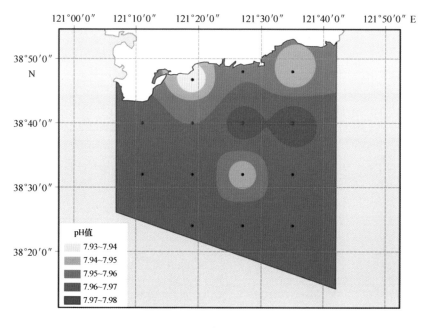

图 3-10　春季底层 pH

2. 夏季

夏季气温升高，水温逐渐升高，海水的 pH 略有下降。表层 pH 分布变化幅度不大，pH 最高点在 1 号站，pH 值为 7.99，最低点在 5 号和10 号站，pH 值均为 7.92（图 3-11）；底层 pH 分布变化幅度不大，pH最高点在 2 号和 14 号站，pH 值均为 7.99，最低点在 1 号和 10 号站，pH 值均为 7.91（见图 3-12）。

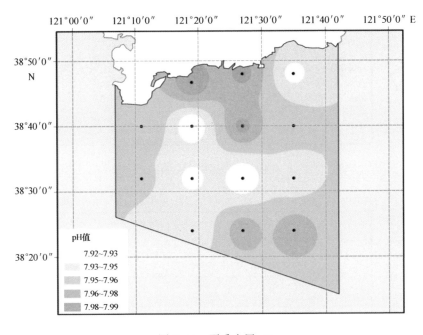

图 3-11　夏季表层 pH

3. 秋季

秋季气温下降，水温逐渐降低，海水的 pH 略有上升。表层 pH 分布变化幅度不大，pH 最高点在 4 号、11 号和 14 号站，pH 值均为

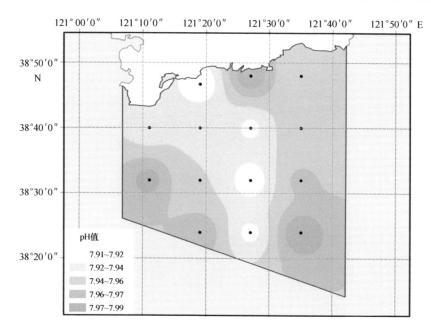

图 3-12　夏季底层 pH

8.03，最低点在 7 号站，pH 值为 7.95（见图 3-13）；底层 pH 分布变化幅度不大，pH 最高点在 7 号站，pH 值为 8.03，最低点在 6 号和 9 号站，pH 值均为 7.95（见图 3-14）。

4. 冬季

冬季海水的 pH 与秋季持平，仅检测表层海水 pH。表层 pH 分布变化幅度不大，pH 最高点在 7 号站，pH 值为 8.02，最低点在 12 号站，pH 值为 7.94（见图 3-15）。

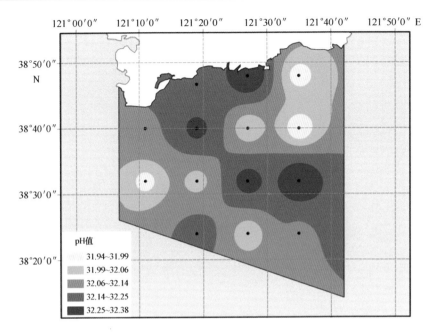

图 3-13　秋季表层 pH

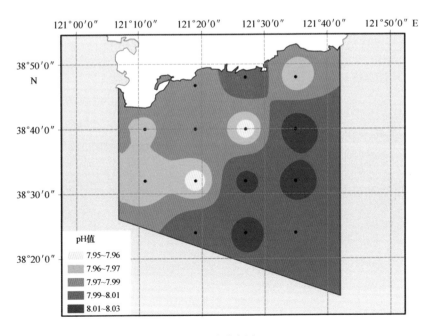

图 3-14　秋季底层 pH

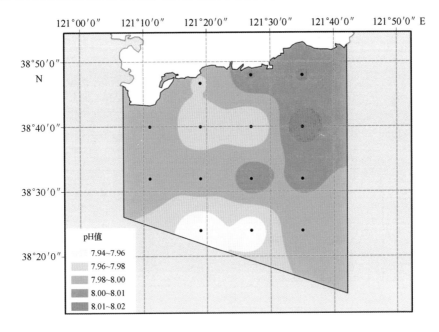

图 3-15　冬季表层 pH

3.3　化学需氧量

化学需氧量（COD）是指水样在一定条件下，以氧化 1 L 水样中还原性物质所消耗的氧化剂的量为指标，折算成每升水样全部被氧化后，需要的氧的毫克数，单位为 mg/L。它反映了水中受还原性物质污染的程度。水中的还原性物质有各种有机物、亚硝酸盐、硫化物、亚铁盐等，但主要的是有机物，因此，该指标也是有机物相对含量的综合指标之一。

1. 春季

春季，海水的 COD 值较低，均达到一类海水水质标准。表层 COD

分布变化幅度不大，COD 最高点在 5 号和 7 号站，COD 值均为 1.98 mg/L，最低点在 11 号和 12 号站，COD 值均为 1.71 mg/L（图 3-16）；底层 COD 分布变化幅度不大，COD 值略小于表层海水，COD 最高点在 9 号站，COD 值为 1.87 mg/L，最低点在 13 号站，COD 值为 1.69 mg/L（见图 3-17）。

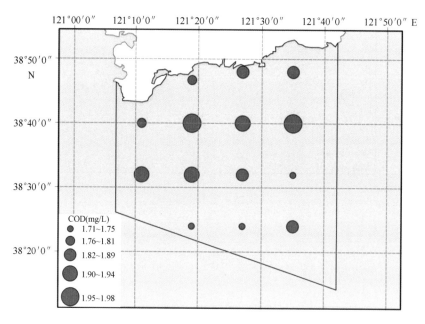

图 3-16　春季表层 COD 值

2. 夏季

夏季，海水的 COD 值略有升高，是全年中海水 COD 最高的季节。表、底层检测值除三个站为二类海水水质标准外，其余各站均达到一类海水水质标准。表层 COD 分布总体变化幅度不大，但在 10 号和 13 号站附近海域有一个超一类海水水质的区域，两站 COD 值分别为

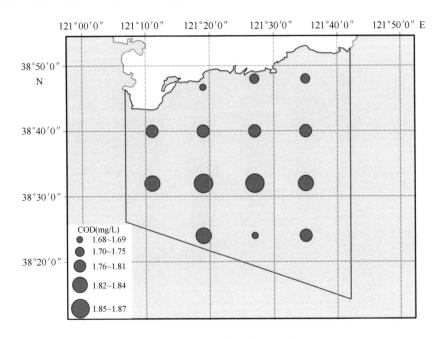

图 3-17　春季底层 COD 值

2.04 mg/L 和 2.02 mg/L，为二类海水水质，COD 最低点在 1 号和 8 号站，COD 值均为 1.79 mg/L（见图 3-18）；底层 COD 分布变化幅度较大，大体呈西部较低东部较高的趋势，COD 值略小于表层海水，底层海水检测有一个站位 COD 超过一类海水水质标准，为 14 号站，COD 值为 2.05 mg/L，达到二类海水水质标准，最低点在 12 号站，COD 值为 1.59 mg/L（见图 3-19）。

3. 秋季

秋季，海水的 COD 值略有下降，但在 COD 检测中仍有一个站位超过一类海水水质标准。表层 COD 分布变化幅度较大，2 号站处有一个超一类海水水质的区域，COD 值为 2.03 mg/L，为二类海水水质，COD

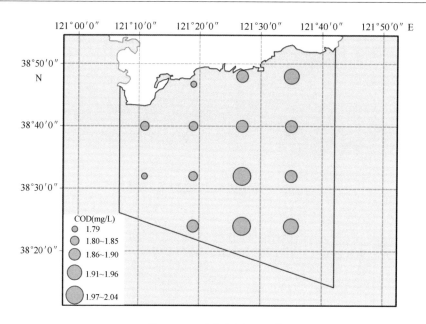

图 3-18 夏季表层 COD 值

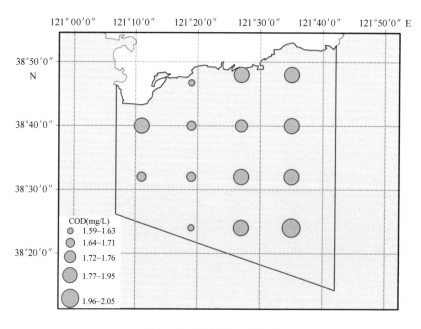

图 3-19 夏季底层 COD 值

最低点在 1 号和 13 号站，COD 值为 1.79 mg/L（图 3-20）；底层 COD
分布变化幅度不大，仅在 2 号站有一个 COD 值较大的区域，COD 值略
小于表层海水，COD 最高点在 2 号站，COD 值为 1.97 mg/L，最低点在
13 号站，COD 值为 1.69 mg/L（见图 3-21）。

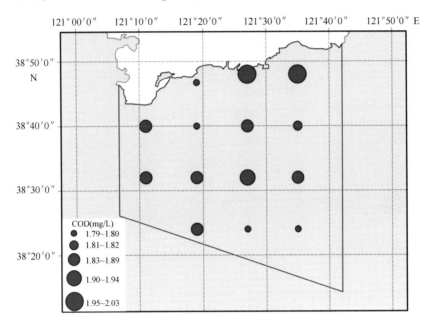

图 3-20　秋季表层 COD 值

4. 冬季

冬季，调查海域海水 COD 迅速降低，是一年中海水 COD 值最低的
季节，调查海域所有站位 COD 值均符合一类海水水质标准。冬季调查
仅进行了表层海水 COD 的检测，COD 最高点在 9 号站，COD 值为
1.73 mg/L，最低点在 7 号和 12 号站，COD 值均为 1.45 mg/L（见图 3-
22）。

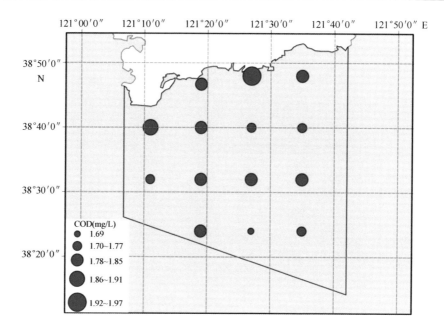

图 3-21　秋季底层 COD 值

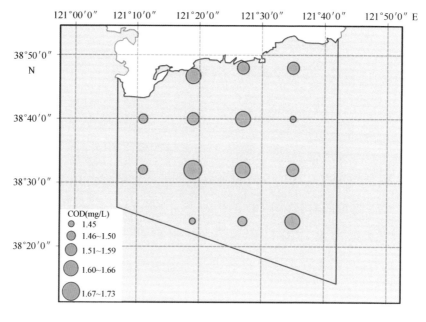

图 3-22　冬季表层 COD 值

3.4 无机氮

氮是海水重要的营养要素之一，是浮游植物生长不可缺少的化学成分，氮和磷是细胞原生质的重要组成成分，它们按一定比例被浮游植物所摄取，其中任意一种要素含量低于或高于某一限值时，都会抑制生物的生长和繁殖，甚至造成生物中毒死亡。海水中的氮主要是由径流带入，其次由大气降雨带入，另外是海洋生物的排泄和尸体分解。

1. 春季

春季，海水的无机氮浓度较高，但仍达到一类海水水质标准。表层无机氮浓度分布变化幅度较大，无机氮浓度最高点在 1 号站，浓度为 89.85 μg/L，最低点在 13 号站，浓度为 45.66 μg/L（见图 3-23）；底层无机氮浓度分布变化幅度较大，无机氮浓度略小于表层海水，无机氮浓度最高点在 9 号站，浓度为 87.00 μg/L，最低点在 4 号站，浓度为 35.53 μg/L（见图 3-24）。

2. 夏季

夏季，海水的无机氮平均浓度较春季有所下降，海水属一类海水水质标准。表层无机氮浓度分布变化幅度较大，无机氮浓度最高点在 1 号站，浓度为 85.22 μg/L，最低点在 13 号站，浓度为 19.17 μg/L（见图 3-25）；底层无机氮浓度分布变化幅度较大，无机氮浓度大于表层海水，最高点在 3 号站，浓度为 154.34 μg/L，最低点在 6 号站，浓度为 31.37 μg/L（见图 3-26）。

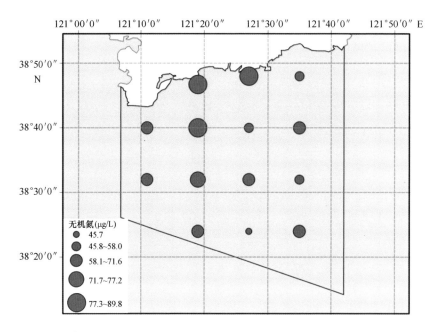

图3-23 春季表层无机氮浓度

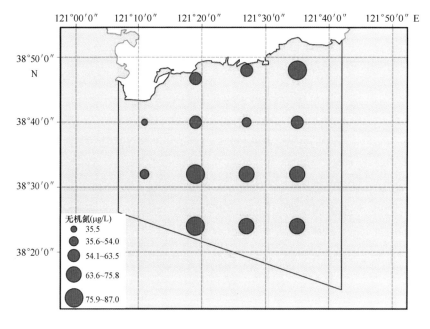

图3-24 春季底层无机氮浓度

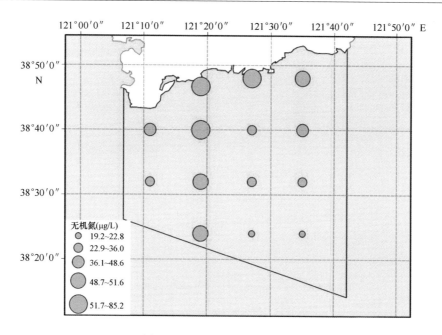

图 3-25　夏季表层无机氮浓度

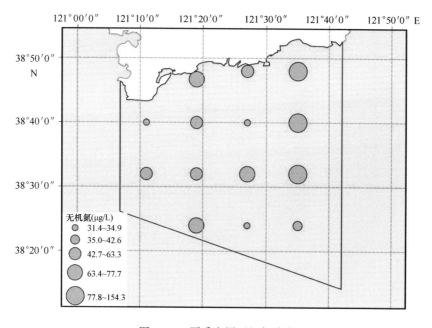

图 3-26　夏季底层无机氮浓度

3. 秋季

秋季，海水的无机氮平均浓度较夏季有所下降，海水属一类海水水质标准。表层无机氮浓度分布变化幅度较夏季有所下降，无机氮浓度最高点在 4 号站，浓度为 88.80 μg/L，最低点在 9 号站，浓度为 37.27 μg/L（图 3-27）；底层无机氮浓度分布变化幅度较大，无机氮浓度小于表层海水，无机氮浓度最高点在 2 号站，浓度为 81.30 μg/L，最低点在 12 号站，浓度为 31.39 μg/L（见图 3-28）。

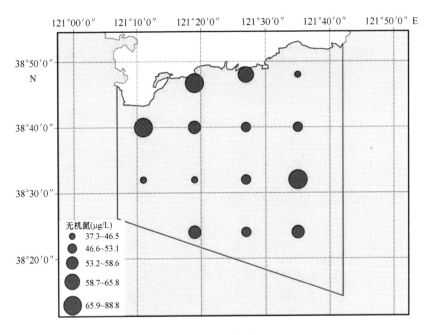

图 3-27　秋季表层无机氮浓度

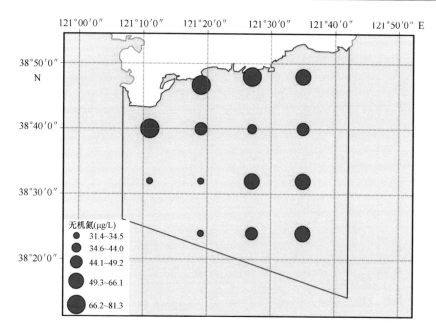

图 3-28　秋季底层无机氮浓度

4. 冬季

冬季，海水的无机氮浓度明显升高，达到一年中最大值，但海水仍属一类海水水质标准。表层无机氮浓度分布变化幅度较大，无机氮浓度最高点在 4 号站，浓度为 141.91 μg/L，最低点在 14 号站，浓度为 67.22 μg/L（见图 3-29）；底层无机氮浓度分布变化幅度较大，无机氮浓度最高点在 1 号站，浓度为 162.59 μg/L，最低点在 13 号站，浓度为 38.23 μg/L（见图 3-30）。

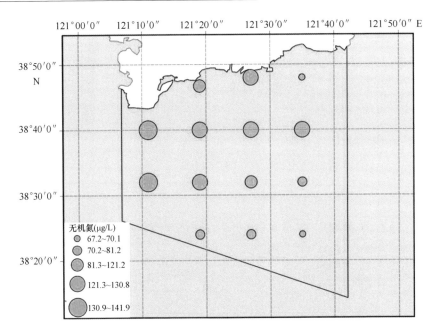

图 3-29　冬季表层无机氮浓度

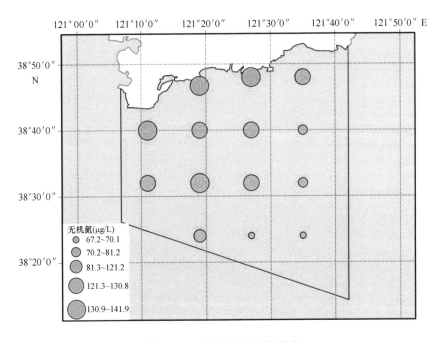

图 3-30　冬季底层无机氮浓度

3.5　活性硅酸盐

活性硅酸盐在海洋环境营养盐动力学中是一个十分重要的因子。硅藻在海洋生物的生命过程中起着重要的作用，而活性硅酸盐则是硅藻所必需的主要营养成分，所以海水中活性硅酸盐含量的变化对浮游植物的群落结构、生长速率以及生物量都有影响，其含量的分布主要与生物过程、化学过程和海水运动等多种因子有关。海洋生物（特别是硅藻、放射虫和硅质海绵）的繁殖生长大量消耗海水中的活性硅酸盐，而它们的残体分解又使活性硅酸盐再生，构成了海水中硅的循环。陆地岩石风化产生的脱硅作用，使大量硅酸盐沿河流进入大海，同时，上升流也会向上层海水补充活性硅酸盐。

1. 春季

春季，海水的活性硅酸盐浓度较低，底层海水活性硅酸盐浓度高于表层。表层活性硅酸盐浓度分布变化幅度较大，大体呈近岸较高、远岸较低的趋势，活性硅酸盐浓度最高点在 1 号站，浓度为 55.50 μmol/L，最低点在 6 号站，浓度为 28.45 μmol/L（见图 3-31）；底层活性硅酸盐浓度分布变化幅度较大，大体呈近岸较高、远岸较低的趋势，活性硅酸盐浓度高于表层海水，最高点在 3 号站，浓度为 80.70 μmol/L，最低点在 13 号站，浓度为 35.05 μmol/L（见图 3-32）。

2. 夏季

夏季，海水的活性硅酸盐浓度较低，底层海水活性硅酸盐浓度略高于表层。表层活性硅酸盐浓度分布变化幅度较大，较春季略有上

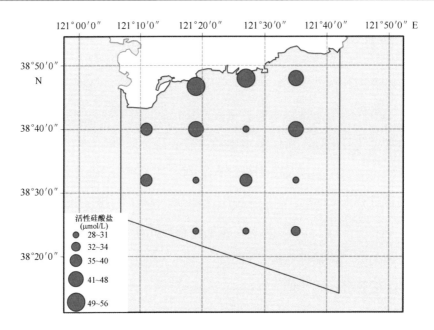

图 3-31　春季表层活性硅酸盐浓度

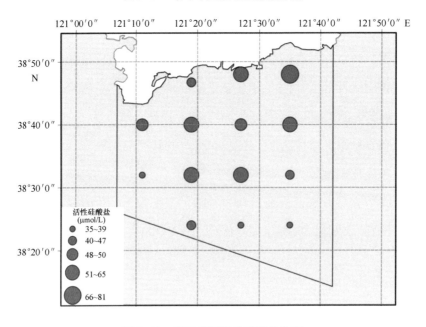

图 3-32　春季底层活性硅酸盐浓度

升，大体呈近岸较高、远岸较低的趋势，活性硅酸盐浓度最高点在 1
号站，浓度为 74.70 μmol/L，最低点在 13 号和 14 号站，浓度均为
26.80 μmol/L（图 3-33）；底层活性硅酸盐浓度分布变化幅度较大，
较春季略有下降，活性硅酸盐浓度高于表层海水，最高点在 5 号和 7 号
站，浓度均为 70.10 μmol/L，最低点在 14 号站，浓度为22.40 μmol/L
（见图 3-34）。

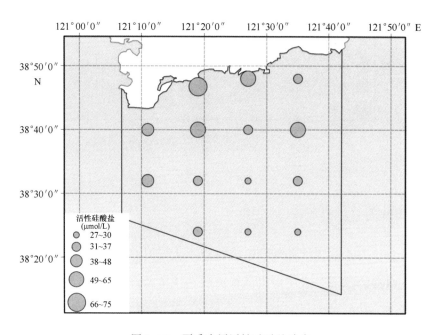

图 3-33 夏季表层活性硅酸盐浓度

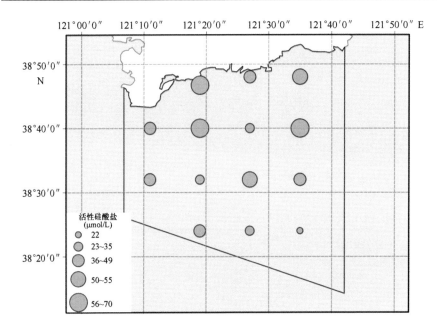

图 3-34　夏季底层活性硅酸盐浓度

3. 秋季

秋季，海水的活性硅酸盐浓度较夏季大幅升高，是调查中活性硅酸盐浓度最高的季节，表层海水活性硅酸盐浓度略高于底层。表层活性硅酸盐浓度分布变化幅度较大，最高点出现在 1 号站，浓度为 209.00 μmol/L，最低点在 12 号站，浓度为 64.70 μmol/L（见图 3-35）；底层活性硅酸盐浓度分布变化幅度较大，大体呈近岸较高、远岸较低的趋势，活性硅酸盐浓度低于表层海水，最高点出现在 2 号站，浓度为 150.00 μmol/L，最低点在 10 号站，浓度为 56.70 μmol/L（见图 3-36）。

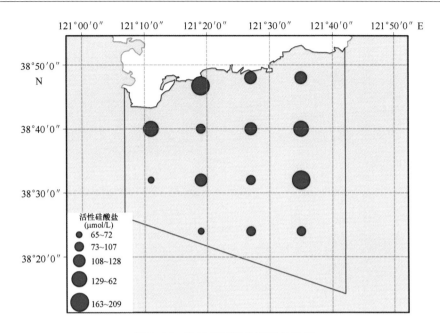

图 3-35　秋季表层活性硅酸盐浓度

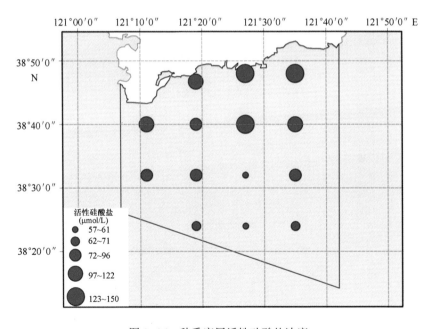

图 3-36　秋季底层活性硅酸盐浓度

4. 冬季

冬季，海水的活性硅酸盐浓度大幅下降，表层海水活性硅酸盐浓度略低于底层。表层活性硅酸盐浓度分布变化幅度较小，大体呈近岸较高、远岸较低的趋势，活性硅酸盐浓度最高点在 4 号站，浓度为 5.89 μmol/L，最低点在 14 号站，浓度为 2.29 μmol/L（图 3-37）；底层活性硅酸盐浓度分布变化幅度较大，低值点集中在调查海域东北侧及东南侧，活性硅酸盐浓度最高点在 1 号站，浓度为 10.86 μmol/L，最低点在 14 号站，浓度为 2.42 μmol/L（见图 3-38）。

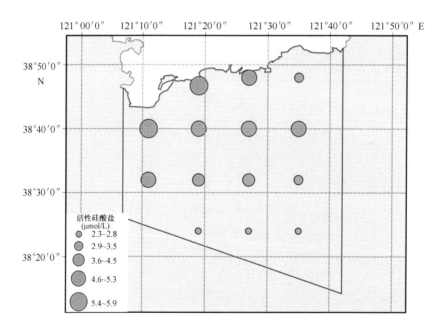

图 3-37 冬季表层活性硅酸盐浓度

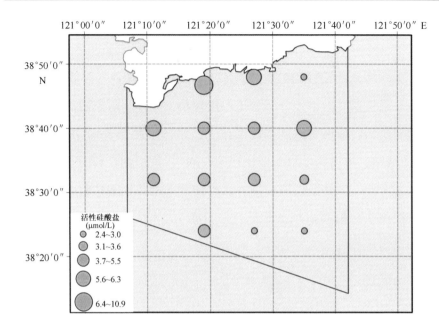

图 3-38   冬季底层活性硅酸盐浓度

3.6   活性磷酸盐

活性磷酸盐是海水中丰度较大的元素之一，也是海洋浮游植物生长所需的营养盐之一，其分布和变化与海洋生物密切相关。当活性磷酸盐含量低于一定限值时，浮游植物的生长、繁殖就会受到限制；反之，活性磷酸盐含量太高，就会造成海水富营养化而发生赤潮，大量消耗海水中的活性磷酸盐，使其下降。在底层海水中浮游植物较少，微生物活跃，使含磷有机化合物分解，因此，底层活性磷酸盐含量通常高于表层。沿岸海水中磷酸盐的分布规律和变化规律除受浮游植物的季节性变化影响外，还受到沿海生活、工业排污的影响，此外，有机质的氧化分解及海水运动，对活性磷酸盐的分布和变化也均有重大影响。

1. 春季

春季，海水的活性磷酸盐浓度较低，各站均达到一类海水水质标准。表层活性磷酸盐浓度分布变化幅度较小，大体呈近岸较高、远岸较低的趋势，活性磷酸盐浓度最高点在 1 号站，浓度为 3.61 μg/L，最低点在 14 号站，浓度为 1.46 μg/L（图 3-39）；底层活性磷酸盐浓度分布变化幅度较小，大体呈近岸较高、远岸较低的趋势，活性磷酸盐浓度略高于表层海水，最高点在 5 号站，浓度为 4.18 μg/L，最低点在 12 号站，浓度为 1.69 μg/L（见图 3-40）。

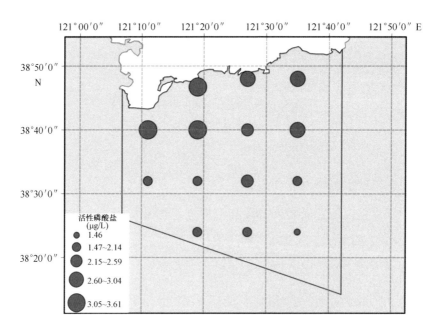

图 3-39 春季表层活性磷酸盐浓度

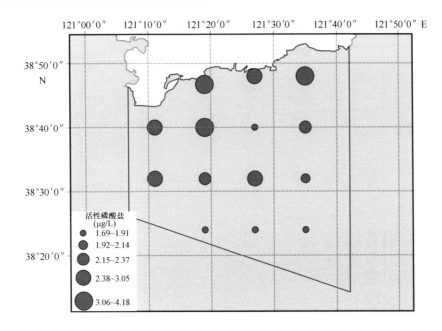

图 3-40　春季底层活性磷酸盐浓度

2. 夏季

夏季，浮游植物繁殖活跃，海水的活性磷酸盐浓度降至全年最低，各站均达到一类海水水质标准。表层活性磷酸盐浓度分布变化幅度较小，大体呈近岸较高、远岸较低的趋势，活性磷酸盐浓度最高点在 1 号站，浓度为 4.64 μg/L，最低点在 14 号站，浓度为 0.77 μg/L（见图 3-41）；底层活性磷酸盐浓度分布变化幅度较小，大体呈近岸较高、远岸较低的趋势，活性磷酸盐浓度略低于表层海水，最高点在 5 号站，浓度为 4.86 μg/L，最低点在 12 号站，浓度为 0.77 μg/L（见图 3-42）。

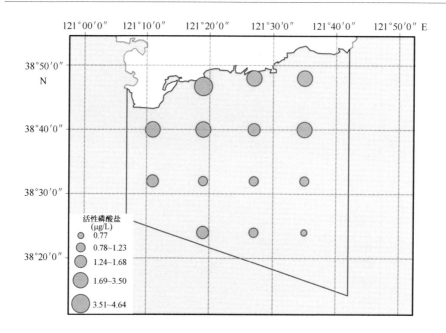

图 3-41 夏季表层活性磷酸盐浓度

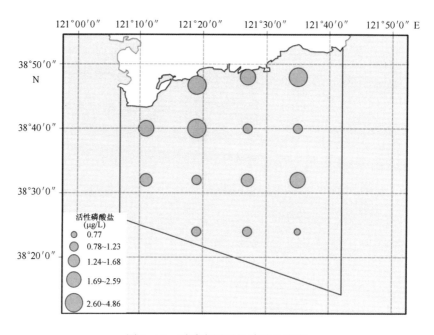

图 3-42 夏季底层活性磷酸盐浓度

3. 秋季

秋季，海水的活性磷酸盐浓度逐渐升高，各站仍达到一类海水水质标准。表层活性磷酸盐浓度分布变化幅度增大，大体呈近岸较高、远岸较低的趋势，但在东南部海域有一个活性磷酸盐含量较高的区域，活性磷酸盐浓度最高点在 4 号站，浓度为 9.26 μg/L，最低点在 5 号站，浓度为 3.12 μg/L（图 3-43）；底层活性磷酸盐浓度分布与表层相近，略低于表层海水，活性磷酸盐浓度最高点在 4 号站，为 9.40 μg/L，最低点在 5 号站，浓度为 3.92 μg/L（见图 3-44）。

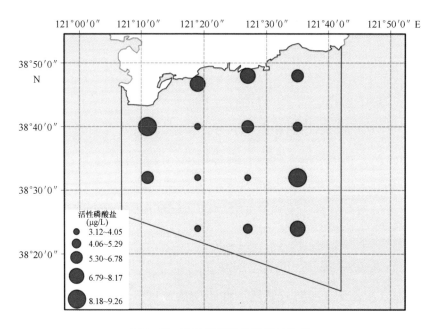

图 3-43　秋季表层活性磷酸盐浓度

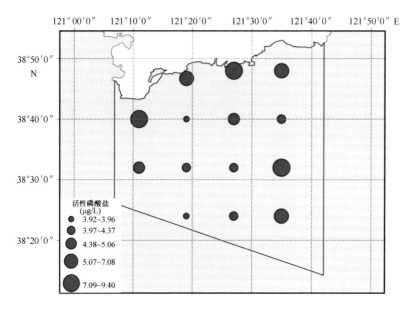

图 3-44　秋季底层活性磷酸盐浓度

4. 冬季

冬季，海水的活性磷酸盐浓度变化较大，在调查的表、底层站位中，共有 9 个站位超过一类海水水质标准，占调查总数的 32.14%，其余各站达到一类海水水质标准。表层活性磷酸盐浓度分布变化幅度增大，大体呈西侧较高、东侧较低的趋势，共有 6 个站位超过一类海水水质标准，分别为 2 号、4 号、5 号、6 号、8 号和 9 号站，活性磷酸盐浓度最高点在 9 号站，浓度为 27.60 μg/L，最低点在 7 号站，浓度为 1.04 μg/L（见图 3-45）；底层活性磷酸盐浓度分布变化幅度较大，大体呈西侧较高、东侧较低的趋势，活性磷酸盐浓度略低于表层海水，共有 3 个站位超过一类海水水质标准，分别为 1 号、5 号和 9 号站，活性磷酸盐浓度最高点在 5 号站，浓度为 23.80 μg/L，最低点在 7 号站，浓度为 0.78 μg/L（见图 3-46）。

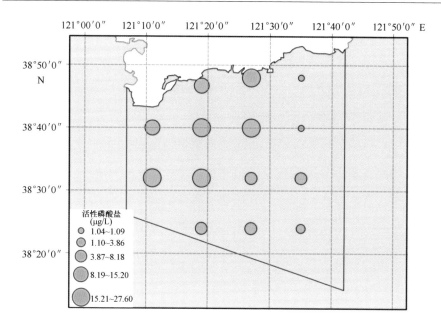

图 3-45　冬季表层活性磷酸盐浓度

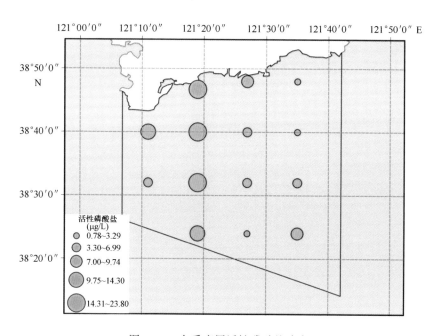

图 3-46　冬季底层活性磷酸盐浓度

3.7 有机碳

海水有机碳（TOC）包括溶解有机碳（DOC）和颗粒有机碳（POC）。溶解有机碳指海水中真溶解态有机碳，颗粒有机碳包括海水中的活体有机碳（bio-POC）和碎屑有机碳（nonbio-POC）。海水有机碳可以被细菌矿化分解为较小的分子而成为藻类的营养物质，也可以再次沉降进入海底沉积物，所以在生物、地质和化学过程中发挥着重要作用，是整个海洋有机碳循环的一个重要环节。另外，有机碳是有机物质现存量的重要指标，其分布反映了水体中有机物质的丰度以及变化，对海洋有机污染起指示作用，是衡量水体有机污染程度的一项综合指标。

本次调查中仅在冬季设置一次有机碳调查。海水的有机碳分布变化幅度较小，浓度呈东侧海域较低、西侧海域较高的趋势，但在西侧海域近岸老铁山附近有一个有机碳浓度相对较小的区域。有机碳浓度最高点在 1 号站，浓度为 4.88 μg/L，最低点在 3 号站，浓度为 3.46 μg/L（见图 3-47）。

3.8 总氮

总氮（TN）是指水体中铵态氮（NH_4-N）、硝酸氮（NO_3-N）、亚硝酸氮（NO_2-N）和有机氮（ON）之和，其含量控制着海洋生态系统的初级生产过程。随着经济的迅猛发展，人类生产活动范围的日益扩大，大量高含氮生活污水和工业污水随着江河、湖泊排入海域，导致水体日益富营养化，对水体造成污染，破坏土壤结构，破坏物种多样性，危害人类身体健康。因此，在海域环境监测及生态修复中，总氮都是反映水质污染程度的重要指标之一。

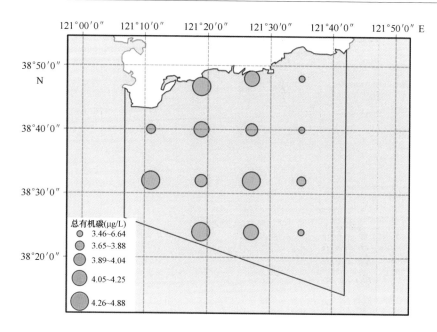

图 3-47　冬季有机碳浓度

1. 春季

春季，海水的总氮浓度较低。表层总氮浓度分布变化幅度较大，大体呈近岸及远岸较高、中间海域较低的趋势，总氮浓度最高点在 14 号站，浓度为 525 μg/L，最低点在 8 号站，浓度为 215 μg/L（见图 3-48）；底层总氮浓度分布变化幅度较大，大体呈近岸及远岸东南侧海域较高、其余海域较低的趋势，总氮浓度略高于表层海水，总氮浓度最高点在 1 号站，浓度为 512 μg/L，最低点在 11 号站，浓度为 231 μg/L（见图 3-49）。

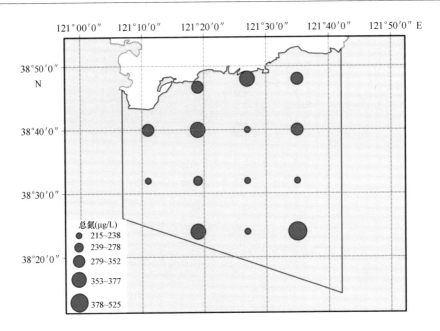

图 3-48　春季表层总氮浓度

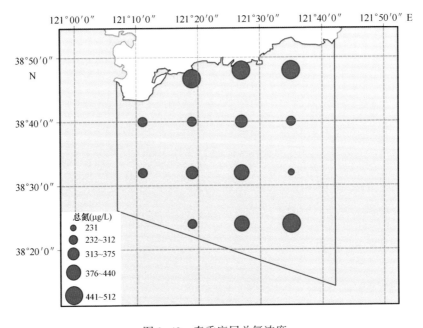

图 3-49　春季底层总氮浓度

2. 夏季

夏季，海水的总氮浓度略有上升，表、底层海水总氮浓度分化较大。表层总氮浓度分布变化幅度较大，总氮浓度最高点在 14 号站，浓度为 633 μg/L，最低点在 13 号站，浓度为 195 μg/L（图 3-50）；底层总氮浓度分布变化幅度较大，大体呈东侧及远岸海域较高、其余海域较低的趋势，总氮浓度高于表层海水，总氮浓度最高点在 14 号站，为 751 μg/L，最低点在 4 号站，浓度为 215 μg/L（见图 3-51）。

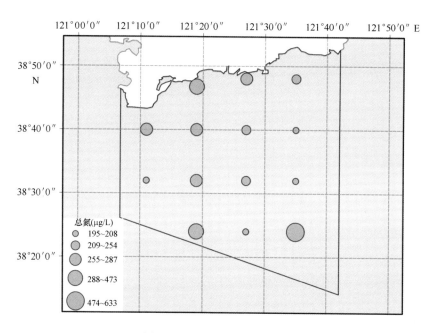

图 3-50　夏季表层总氮浓度

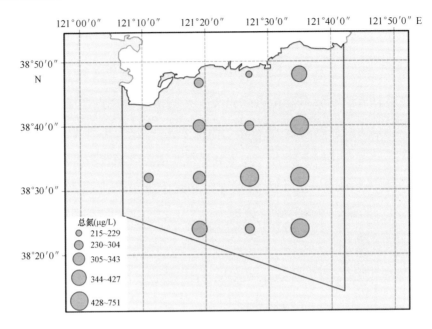

图 3-51　夏季底层总氮浓度

3. 秋季

秋季，海水的总氮浓度略有上升。表层总氮浓度分布变化幅度较大，总氮浓度最高点在 14 号站，浓度为 491 μg/L，最低点在 8 号站，浓度为 268 μg/L（见图 3-52）；底层总氮浓度分布变化幅度较大，总氮浓度小于表层海水，总氮浓度最高点在 14 号站，浓度为 546 μg/L，最低点在 7 号站，浓度为 269 μg/L（见图 3-53）。

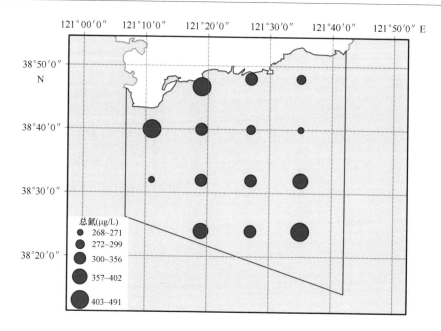

图 3-52　秋季表层总氮浓度

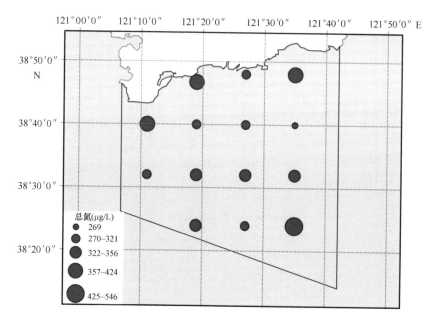

图 3-53　秋季底层总氮浓度

4. 冬季

冬季，海水的总氮浓度略有上升，平均含量达到全年最高。表层总氮浓度分布变化幅度较大，总氮浓度最高点在 3 号站，浓度为 437 μg/L，最低点在 14 号站，浓度为 277 μg/L（图 3-54）；底层总氮浓度分布变化幅度较大，总氮浓度大于表层海水，为全年最高，总氮浓度最高点在 6 号站，浓度为 535 μg/L，最低点在 11 号站，浓度为 256 μg/L（见图 3-55）。

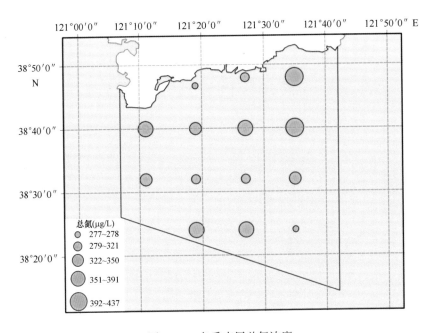

图 3-54　冬季表层总氮浓度

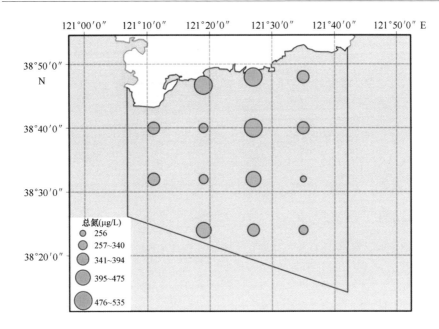

图 3-55　冬季底层总氮浓度

3.9　总磷

总磷（TP）是指水体中活性磷（PO_4-P）和有机磷（OP）之和，海水中的磷是生物生长所必需的营养元素之一，水体中磷含量过高会造成藻类过度繁殖而使水质变坏、水体富营养化，使湖泊发生富营养化和海湾出现赤潮。随着经济迅猛发展，人类生产活动范围日益扩大，大量高含磷生活废水和工业污水随着江河、湖泊排入海域，导致水藻和细菌大量繁殖，使鱼类和其他生物因缺氧而大量死亡，破坏生物多样性，危害人类身体健康。因此，在海域环境监测及生态修复中，总磷都是反映水质污染程度的重要指标之一。

1. 春季

春季，海水的总磷浓度较低。表层总磷浓度分布变化幅度不大，近岸海水总磷浓度较高，但在6号站有一个浓度较低的区域，总磷浓度最高点在10号站，浓度为19.50 μg/L，最低点在11号站，浓度为9.30 μg/L（图3-56）；底层总磷浓度分布变化幅度较大，总磷浓度高于表层海水，其趋势分布与表层较为接近，近岸海水总磷浓度较高，但在6号站有一个浓度较低的区域，总磷浓度最高点在14号站，浓度为45.30 μg/L，最低点在10号站，浓度为10.90 μg/L（见图3-57）。

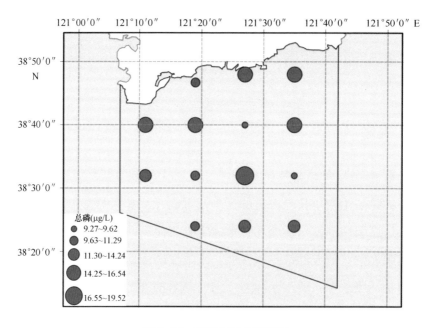

图3-56　春季表层总磷浓度

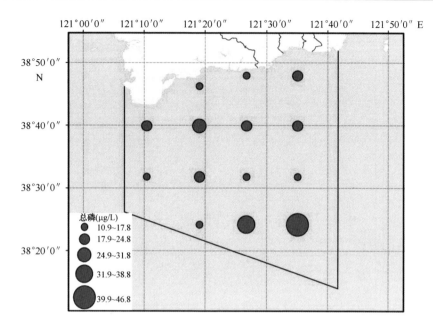

图 3-57　春季底层总磷浓度

2. 夏季

夏季，海水的总磷浓度下降，达到全年最低。表层总磷浓度分布变化幅度较小，近岸海水总磷浓度较高，总磷浓度最高点在 3 号站，浓度为 12.60 μg/L，最低点在 9 号站，浓度为 3.22 μg/L（见图 3-58）；底层总磷浓度分布变化幅度较大，总磷浓度高于表层海水，近岸海水总磷浓度较高，总磷浓度最高点在 3 号站，浓度为 14.60 μg/L，最低点在 10 号站，浓度为 3.36 μg/L（见图 3-59）。

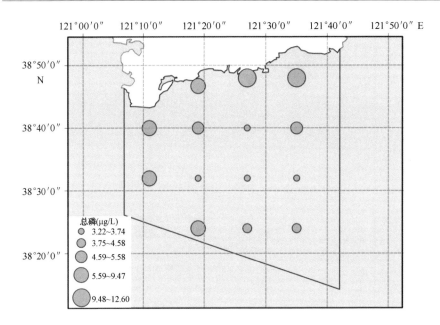

图 3-58 夏季表层总磷浓度

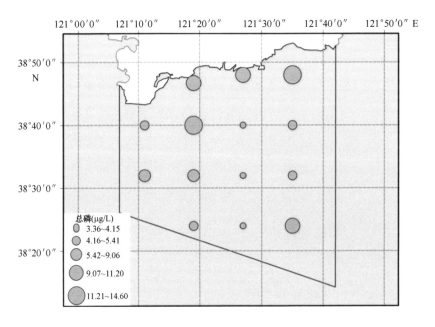

图 3-59 夏季底层总磷浓度

3. 秋季

秋季，海水的总磷浓度略有上升。表层总磷浓度分布变化幅度较大，近岸海水总磷浓度较高，总磷浓度最高点在 4 号站，浓度为 28.90 μg/L，最低点在 12 号站，浓度为 9.87 μg/L（图 3-60）；底层总磷浓度分布变化幅度较大，总磷浓度高于表层海水，但其浓度分布趋势与表层海水相近，近岸海水总磷浓度较高，总磷浓度最高点在 4 号站，浓度为 26.20 μg/L，最低点在 12 号站，浓度为 8.53 μg/L（见图 3-61）。

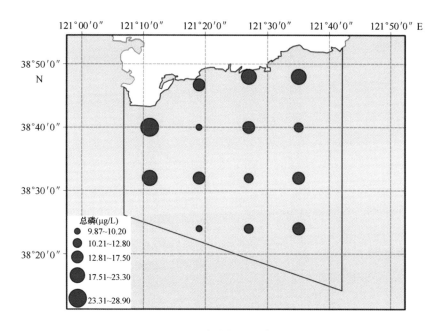

图 3-60　秋季表层总磷浓度

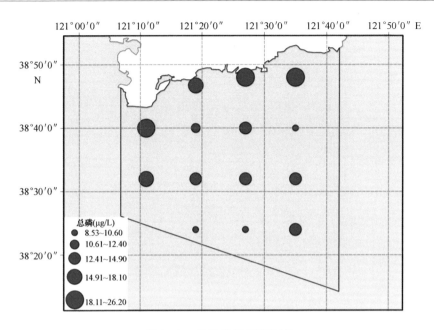

图 3-61　秋季底层总磷浓度

4. 冬季

冬季，海水的总磷浓度大幅上升，达到全年最高。表层总磷浓度分布变化幅度较大，总体呈西部较高、东部较低的趋势，总磷浓度最高点在 8 号站，浓度为 45.50 μg/L，最低点在 14 号站，浓度为 23.50 μg/L（见图 3-62）；底层总磷浓度分布变化幅度较大，总磷浓度高于表层海水，总磷浓度最高点在 1 号站，浓度为 85.20 μg/L，最低点在 11 号站，浓度为 24.60 μg/L（见图 3-63）。

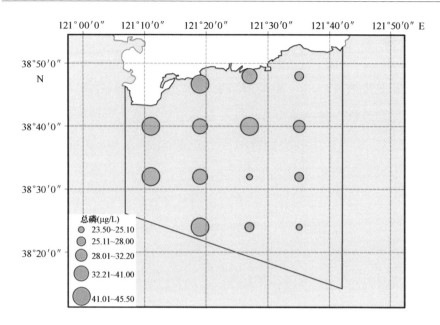

图 3-62　冬季表层总磷浓度

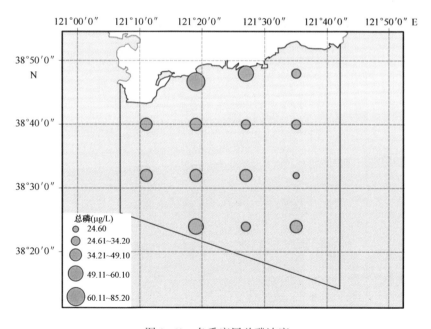

图 3-63　冬季底层总磷浓度

3.10 颗粒有机碳

颗粒有机碳（POC）是指不溶解于水体的有机颗粒物质，在碳循环中占重要地位。海洋颗粒有机碳参与的生物地球化学过程贯穿于整个海洋生物泵-动力作用-物理化学作用过程，是海洋碳循环的关键控制环节之一。海洋 POC 可分为生命 POC 与非生命 POC 两部分。生命 POC 来自生物生产过程，包括微小型光合浮游植物，大型藻类以及细菌、真菌、噬菌体、浮游动物、小鱼小虾、海洋哺乳动物；非生命 POC 又称为有机碎屑，包括海洋生物生命活动过程中产生的残骸、粪便等。

本项目调查仅进行冬季一个航次。表层颗粒有机碳浓度分布变化幅度较大，颗粒有机碳浓度最高点在 11 号站，浓度为 0.57 μg/L，最低点在 7 号站，浓度为 0.21 μg/L（图 3-64）；底层颗粒有机碳浓度分布变化幅度较大，颗粒有机碳浓度高于表层海水，颗粒有机碳浓度最高点在 13 号站，浓度为 1.49 μg/L，最低点在 6 号站，浓度为 0.27 μg/L（见图 3-65）。

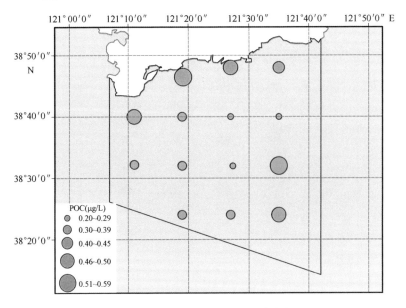

图 3-64　冬季表层颗粒有机碳浓度

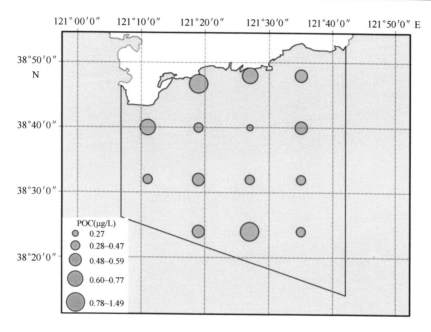

图 3-65　冬季底层颗粒有机碳浓度

3.11　颗粒有机物

　　颗粒有机物（POM），又称悬浮有机物，是呈悬浮固体分散于水体中的有机物质。由溶解有机物质形成 POM 的过程包括：在矿物颗粒上的吸附、气泡和细菌的作用、絮凝作用等。这些过程使水体中 POM 的分布及其与生产力的相关方式变得比较复杂。

　　本项目调查仅进行冬季一个航次。表层颗粒有机物浓度分布变化幅度较小，颗粒有机物浓度最高点在 4 号站，浓度为 1.77 μg/L，最低点在 9 号站，浓度为 1.11 μg/L（见图 3-66）；底层颗粒有机物浓度分布变化幅度较大，颗粒有机物浓度高于表层海水，颗粒有机物浓度最高点在 1 号站，浓度为 3.53 μg/L，最低点在 6 号站，浓度为 1.14 μg/L（见图 3-67）。

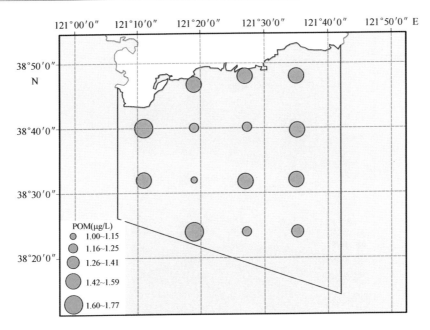

图 3-66　冬季表层颗粒有机物浓度

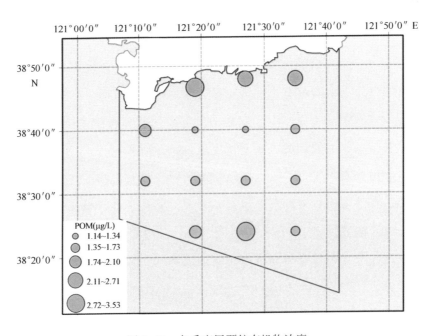

图 3-67　冬季底层颗粒有机物浓度

3.12　铜

铜是生命所必需的微量元素，存在于很多氧化酶中，如过氧化物歧化酶、抗坏血酸氧化酶、多酚氧化酶等，在电子传递和酶促反应中起重要作用，但浓度过高则会引起毒副作用，且各种海洋生物都能直接从海水中吸收铜，沿食物链向上传递，并在高等生物中积累。

1. 春季

春季，海水的铜含量较低，铜含量分布变化幅度较小，分布大体呈近岸较高、远岸较低，西部较高、东部较低的趋势，各站均达到一类海水水质标准。铜含量最高点在 2 号站，为 1.7 μg/L，最低点在 7 号、11号、13 号和 14 号站，均为 1.3 μg/L（图 3-68）。

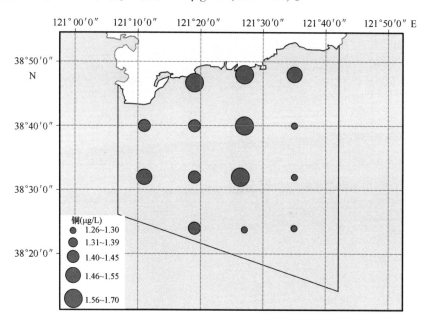

图 3-68　春季铜含量

2. 夏季

夏季，海水的铜含量较低，与春季铜含量变化不大，铜含量分布变化幅度较小，分布大体呈近岸较高、远岸较低，西部较高、东部较低的趋势，但在4号站有一个含量较低的区域，各站均达到一类海水水质标准。铜含量最高点在2号站，为1.8 μg/L，最低点在11号站，为1.1 μg/L（图3-69）。

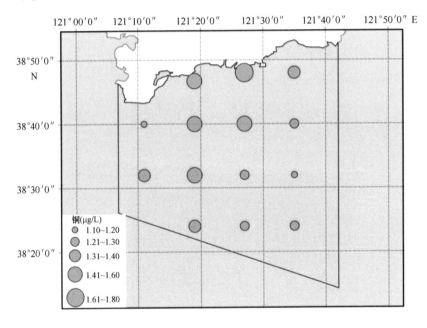

图 3-69　夏季铜含量

3. 秋季

秋季，海水的铜含量大幅度升高，是一年中铜含量最高的季节，铜含量分布变化幅度较大，分布大体呈近岸较低、远岸较高的趋势。共有

3 个站位达到二类海水水质标准，分别为 11 号、12 号和 13 号站，占总数的 21.4%，其余各站均达到一类海水水质标准。铜含量最高点在 12 号站，为 6.7 μg/L，最低点在 3 号站，为 1.2 μg/L（图 3-70）。

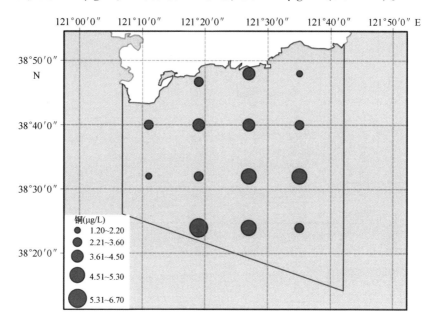

图 3-70　秋季铜含量

4. 冬季

冬季，海水的铜含量大幅下降，铜含量分布变化幅度较小，分布大体呈近岸及远岸较低、中部较高的趋势，各站均达到一类海水水质标准。铜含量最高点在 6 号和 7 号站，为 3.5 μg/L，最低点在 12 号站，为 2.1 μg/L（见图 3-71）。

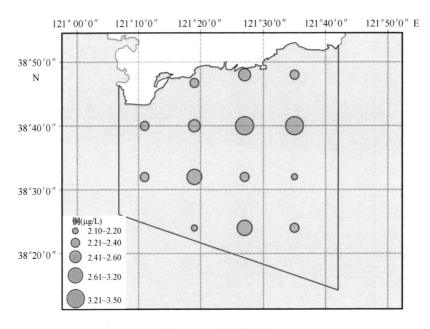

图 3-71 冬季铜含量

3.13 铅

铅是一种不能降解且广泛存在的重金属污染物，在自然环境中可长期积累，其主要来源是工业废水的排放和汽车尾气的沉降。在海水中的溶解性态主要有 $PbCO_3$ 的离子对和极细的胶体颗粒，分布极不均匀，具有致毒、致癌、致畸作用，且各种海洋生物都能直接从海水中吸收铅，沿食物链向上传递，并在高等生物中积累，危害人体健康。

1. 春季

春季，海水的铅含量较高，铅含量分布变化幅度较小，无明显趋势，各站均达到一类海水水质标准。铅含量最高点在 2 号站，为

0.365 μg/L，铅含量最低点在 1 号站，为 0.255 μg/L（图 3-72）。

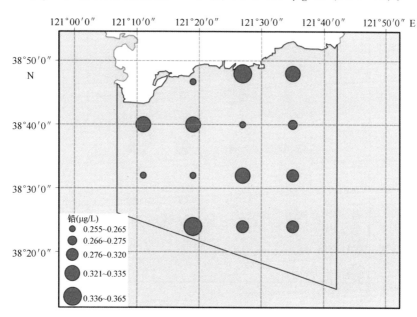

图 3-72　春季铅含量

2. 夏季

夏季，海水的铅含量较高，是一年中铅含量最高的季节，铅含量分布变化幅度增大，无明显趋势，各站均达到一类海水水质标准。铅含量最高点在 2 号站，为 0.500 μg/L，铅含量最低点在 1 号、6 号和 9 号站，为 0.340 μg/L（见图 3-73）。

3. 秋季

秋季，海水的铅含量大幅下降，铅含量分布变化幅度较大，调查中 3 号、6 号和 9 号站附近的区域铅含量较高，其余海域铅含量较低，各

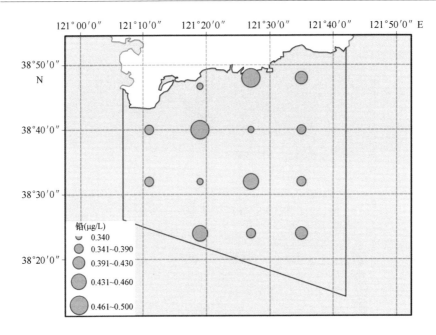

图 3-73　夏季铅含量

站均达到一类海水水质标准。铅含量最高点在 3 号站，为 0.360 μg/L，铅含量最低点在 10 号和 11 号站，为 0.120 μg/L（见图 3-74）。

4. 冬季

冬季，海水的铅含量较秋季略有上升，铅含量分布变化幅度较大，其中东南侧海域及 2 号站附近区域铅含量相对较高，其余海域铅含量较低，各站均达到一类海水水质标准。铅含量最高点在 2 号站，为 0.450 μg/L，铅含量最低点在 11 号和 12 号站，为 0.160 μg/L（见图 3-75）。

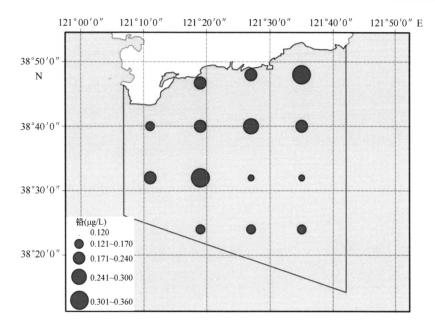

图 3-74　秋季铅含量

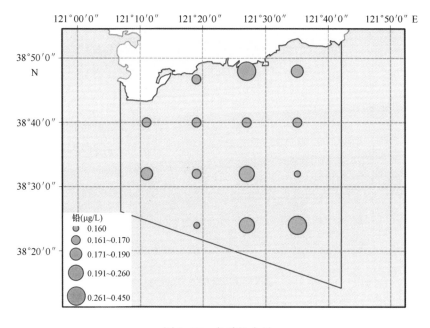

图 3-75　冬季铅含量

3.14 锌

锌是生命必需的微量元素，是很多酶的组成部分，海洋生物对锌有很强的富集能力，海水中锌的浓度过高也会对生物产生毒害作用，甚至导致生物死亡。

1. 春季

春季，海水的锌含量较高，是一年中锌含量平均值最高的季节，锌含量分布变化幅度较大，各站分布无明显趋势，均达到一类海水水质标准。锌含量最高点在 11 号站，为 10.0 μg/L，锌含量最低点在 4 号站，为5.20 μg/L（图 3-76）。

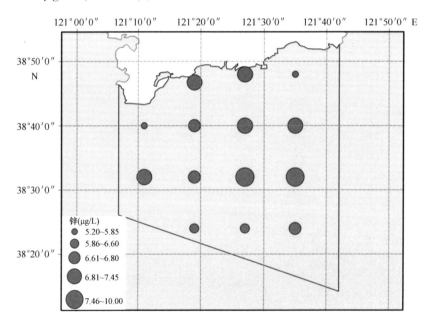

图 3-76　春季锌含量

2. 夏季

夏季，海水的锌含量较高，锌含量分布变化幅度较大，各站分布无明显趋势，其中 11 号站锌含量达到全年各站位监测的最高值，各站均达到一类海水标准。锌含量最高点在 11 号站，为 13.40 μg/L，锌含量最低点在 8 号站，为 4.90 μg/L（图 3-77）。

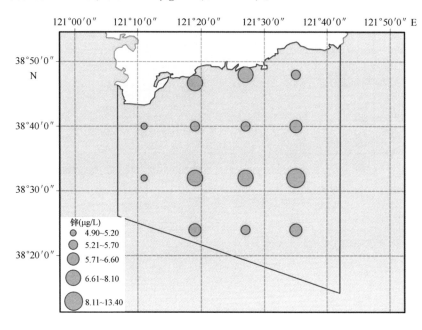

图 3-77　夏季锌含量

3. 秋季

秋季，海水的锌含量大幅下降，是一年中锌含量最低的季节，锌含量分布变化幅度较大，各站锌含量分布呈现近岸较低、远岸较高的趋势，各站均达到一类海水水质标准。锌含量最高点在 12 号站，为

6. 70 μg/L, 锌含量最低点在 3 号站, 为 1. 20 μg/L (图 3-78)。

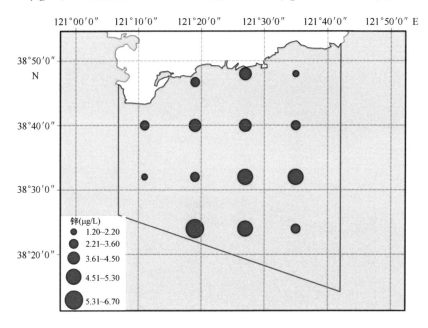

图 3-78　秋季锌含量

4. 冬季

冬季, 海水的锌含量较秋季略有上升, 锌含量分布变化幅度较大, 各站锌含量分布无明显趋势, 各站均达到一类海水水质标准。锌含量最高点在 2 号站, 为 7. 30 μg/L, 锌含量最低点在 4 号、5 号、10 号和 12 号站, 为 3. 10 μg/L (图 3-79)。

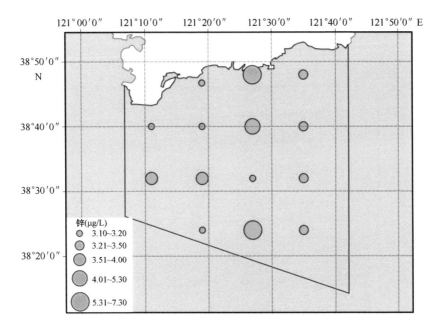

图 3-79　冬季锌含量

3.15　镉

镉在海水中主要以 $CdCl_2$ 的胶体状态存在，此外还以有机络合物形式与其他重金属共存，主要来自工业废水的排放。易在海洋生物体内富集，因此鱼类、贝类及海洋哺乳动物的内脏中镉的含量往往较高。镉能够影响铁代谢，使肠道对铁的吸收降低，破坏血红细胞，从而引起贫血症。长期食用被镉污染的海产品会引起痛痛病等病症。

1. 春季

春季，海水的镉含量较低，镉含量分布变化幅度较小，各站分布无明显趋势，各站均达到一类海水水质标准。镉含量最高点在 6 号站，为

0.38 μg/L，镉含量最低点在 11 号和 13 号站，为 0.17 μg/L（图 3-80）。

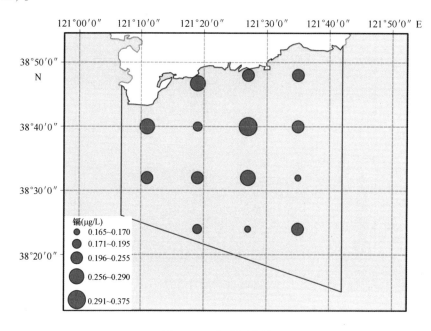

图 3-80　春季镉含量

2. 夏季

夏季，海水的镉含量略有降低，是一年中镉含量最低的季节，镉含量分布变化幅度较大，各站分布无明显趋势，各站均达到一类海水水质标准。镉含量最高点在 6 号站，为 0.46 μg/L，镉含量最低点在 3 号和 13 号站，为 0.14 μg/L（见图 3-81）。

3. 秋季

秋季，海水的镉含量略有升高，镉含量分布变化幅度较大，各站分布无明显趋势，各站均达到一类海水水质标准。镉含量最高点在 1 号

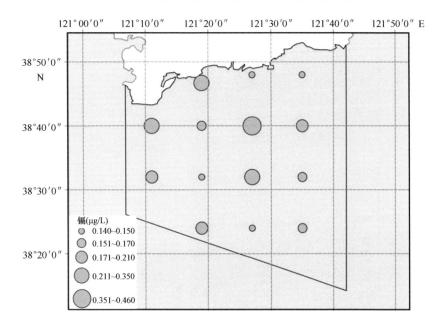

图 3-81　夏季镉含量

站，为 0.52 μg/L，镉含量最低点在 13 号站，为 0.15 μg/L（见图 3-82）。

4. 冬季

冬季，海水的镉含量升高，是一年中镉含量最高的季节，镉含量分布变化幅度较大，各站分布无明显趋势，各站均达到一类海水水质标准。镉含量最高点在 13 号站，为 0.51 μg/L，镉含量最低点在 12 号站，为 0.22 μg/L（见图 3-83）。

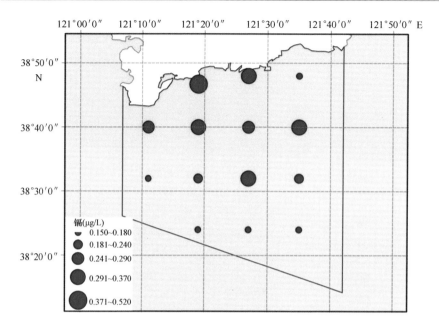

图 3-82　秋季镉含量

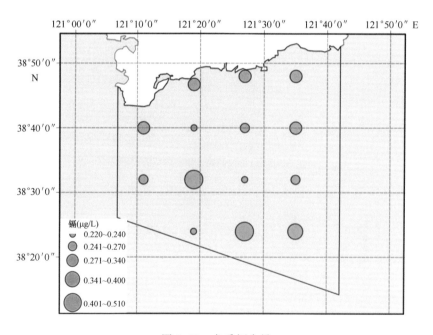

图 3-83　冬季镉含量

3.16 总铬

铬是一种毒性较高的重金属，自然界中通常以六价和三价两种形态存在。六价铬主要是与氧结合成铬酸盐或重铬酸盐，高价态的铬具有较高的迁移力和毒性。三价铬易形成氧化物或氢氧化物沉淀，毒性相对较弱，通常认为高价态铬毒性是低价态铬毒性的 100 倍。当生物吸收过量铬时，可影响生长发育，严重时可能导致死亡。

1. 春季

春季，海水的总铬含量较低，是一年中总铬含量最低的季节，总铬含量分布变化幅度较小，西侧及远岸一侧海域较高，其余海域较低，各站均达到一类海水水质标准。总铬含量最高点在 13 号站，为 1.5 μg/L，总铬含量最低点在 1 号和 3 号站，为 0.67 μg/L（图 3-84）。

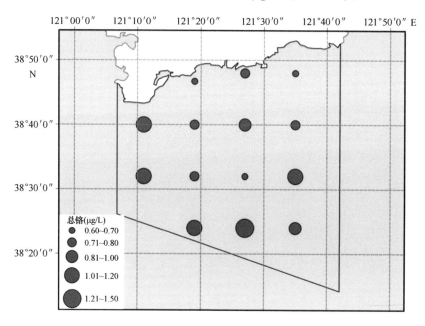

图 3-84 春季总铬含量

2. 夏季

夏季，海水的总铬含量较春季略有上升，总铬含量分布变化幅度较小，各站分布呈现东侧及西北侧海域较低、其余海域较高的趋势，各站均达到一类海水水质标准。总铬含量最高点在 12 号站，含量为 1.5 μg/L，总铬含量最低点在 5 号、13 号和 14 号站，含量为 0.8 μg/L（图3-85）。

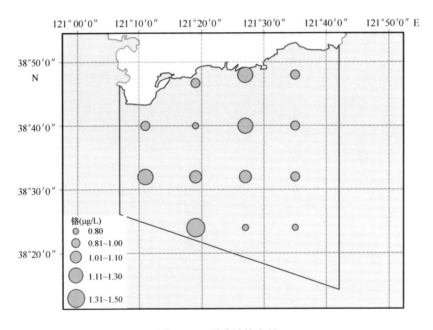

图 3-85　夏季总铬含量

3. 秋季

秋季，海水的总铬含量较高，较春、夏两季大幅度提升，总铬含量分布变化幅度较大，各站总铬含量普遍较高，但在东北侧 3 号站和西南侧9号站各有一个总铬含量较低的海域，各站均达到一类海水水质标准。总铬含量最高点在11号站，为2.5 μg/L，总铬含量最低点在3号站，为0.9 μg/L（图3-86）。

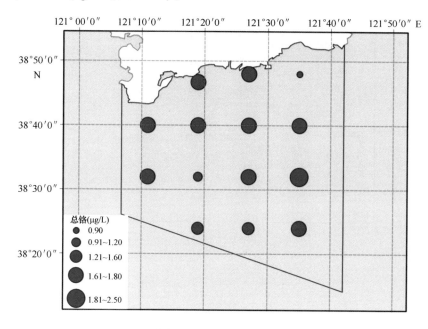

图3-86 秋季总铬含量

4. 冬季

冬季，海水的总铬含量较高，是一年中海水总铬含量最高的季节，总铬含量分布变化幅度较大，各站总铬含量分布无明显趋势，均达到一类海水水质标准。总铬含量最高点在3号站，为3.1 μg/L，总铬含量最低点在10号和12号站，为1.7 μg/L（见图3-87）。

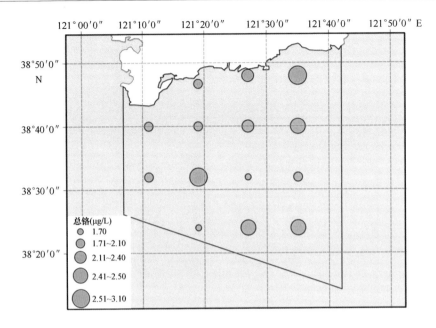

图 3-87　冬季总铬含量

3.17　汞

汞是一种毒性较高的重金属，是一种全球性污染物，其天然来源主要有火山喷发、地质沉积、森林火灾等，人为来源主要有石化、金属冶炼、燃煤发电、氯碱、水泥、PVC、医疗等涉汞行业废水废气的排放。汞可以通过海气交换和入海河流进入海洋，其中大气干、湿沉降占据了海洋汞输入的70%以上。汞在海洋中主要有四种形态：溶解态或颗粒态的 Hg^{2+}、溶解态 Hg^0、溶解态或颗粒态甲基汞（CH_3Hg^+）、溶解态二甲基汞 $[（CH_3）_2Hg]$，其中 Hg^{2+} 可以在硫酸盐还原菌等微生物的作用下转化为毒性更强的甲基汞，在海洋中以稳定性高的氯化甲基汞存在，危害很大。海水中的汞经海洋生物的吸收通过食物链的传递可以危害人的身体健康，如水俣病等。

1. 春季

春季，海水的汞含量较低，汞含量分布变化幅度较大，共有 6 个站有汞含量检出，检出率为 42.9%，各站汞含量分布无明显趋势，均达到一类海水水质标准。各检出站中汞含量最高点在 10 号站，为 0.020 μg/L，汞含量最低点在 4 号和 8 号站，为 0.009 μg/L（图 3-88）。

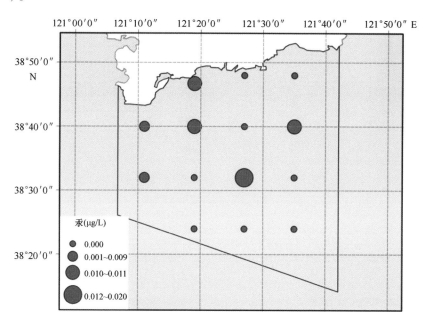

图 3-88 春季汞含量

2. 夏季

夏季，海水的汞含量较低，比春季略有下降，汞含量分布变化幅度较小，共有 4 个站有汞含量检出，检出率为 28.6%，各站汞含量分布无明显趋势，均达到一类海水水质标准。各检出站中汞含量最高点在 1 号站，为 0.014 μg/L，汞含量最低点在 11 号站，为 0.008 μg/L（图 3-89）。

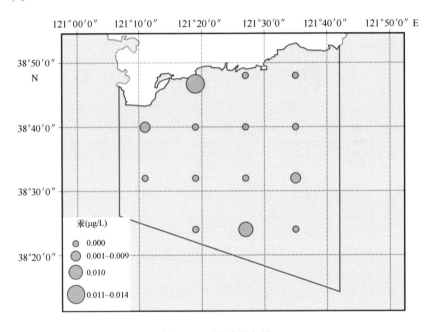

图 3-89　夏季汞含量

3. 秋季

秋季，海水的汞含量较高，较夏季有较大幅度回升，汞含量分布变化幅度较大，各站均有汞含量检出，各站汞含量分布无明显趋势，均达到一类海水水质标准。汞含量最高点在 7 号站，为 0.036 μg/L，汞含量最低点在 5 号站，为 0.020 μg/L（见图 3-90）。

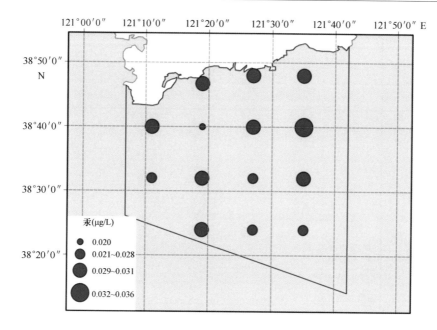

图 3-90　秋季汞含量

4. 冬季

冬季，海水的汞含量较高，是一年中海水汞含量最高的季节，汞含量分布变化幅度较大，各站均有汞含量检出，各站汞含量分布无明显趋势，均达到一类海水水质标准。汞含量最高点在 8 号站，为 0.043 μg/L，汞含量最低点在 10 号站，为 0.026 μg/L（见图 3-91）。

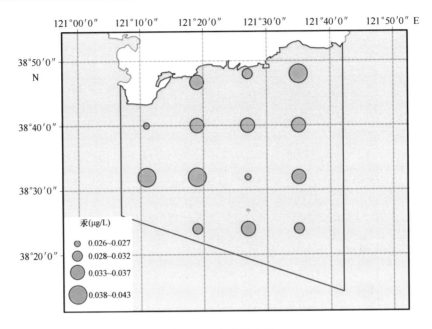

图 3-91　冬季汞含量

3.18　砷

砷是自然环境中普遍存在的一种元素，砷有多种存在形态，海水中砷主要以无机砷（三价砷和五价砷）形式存在，此外还有少量的有机砷，包括一甲基砷酸（MMA）和二甲基砷酸（DMA）等，在海洋生物中则以砷甜菜碱（AsB）和砷胆碱（AsC）以及更为复杂的砷化合物，如砷糖、砷酯等形式存在。砷化合物形态间可以相互转化，其中无机态砷毒性大于有机态砷，而三价砷的毒性远高于五价砷。

1. 春季

春季，海水的砷含量较低，砷含量分布变化幅度较大，各站砷含量分布主要呈近岸和远岸两侧海域较高、中间海域较低的趋势，但在东南侧海域有一个砷含量较低的区域，各站均达到一类海水水质标准。砷含量最高点在 13 号站，为 1.01 μg/L，砷含量最低点在 3 号站，为 0.76 μg/L（图 3-92）。

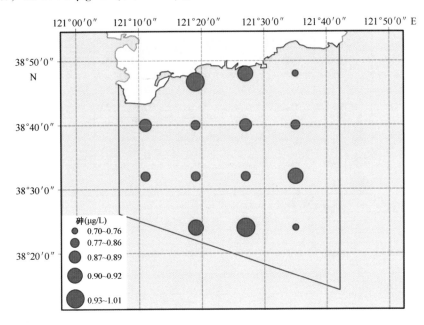

图 3-92　春季砷含量

2. 夏季

夏季，海水的砷含量较高，砷含量分布变化幅度较大，各站砷含量分布主要呈近岸和远岸两侧海域较高、中间海域较低的趋势，各站均达到一类海水水质标准。砷含量最高点在 14 号站，为 1.48 μg/L，砷含量最低点在 3 号站，为 1.09 μg/L（图 3-93）。

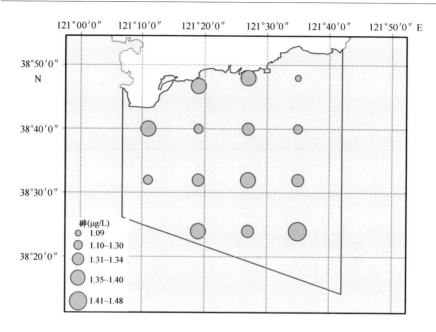

图 3-93　夏季砷含量

3. 秋季

秋季，海水的砷含量较高，是一年中海水砷含量最高的季节，砷含量分布变化幅度较大，各站砷含量分布主要呈近岸和远岸两侧海域较高、中间海域较低的趋势，但在 1 号站附近有一个含量较低的区域，各站均达到一类海水水质标准。砷含量最高点在 5 号站，为 2.05 μg/L，砷含量最低点在 9 号站，为 1.75 μg/L（见图 3-94）。

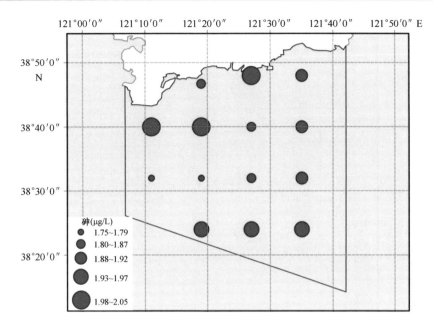

图 3-94　秋季砷含量

4. 冬季

冬季，海水的砷含量大幅度下降，是一年中海水砷含量最低的季节，砷含量分布变化幅度较大，各站砷含量分布主要呈近岸和远岸两侧海域较高、中间海域较低的趋势，各站位均达到一类海水水质标准。砷含量最高点在 1 号站，为 0.67 μg/L，砷含量最低点在 6 号站，为 0.40 μg/L（见图3-95）。

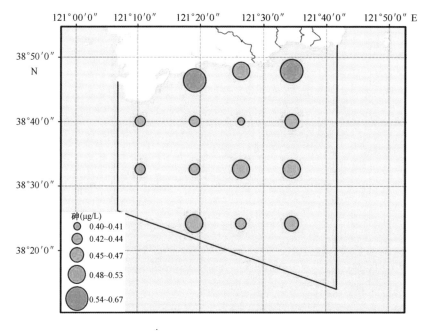

图 3-95　冬季砷含量

3.19　石油类

石油类污染是水体污染的重要类型之一，随着石油工业的发展，石油类对海洋的污染越来越重。海面浮油可萃取分散于海水中的氯烃，如滴滴涕、狄氏剂等农药和多氯联苯等，把这些有毒有害物质汇集到海水表层，影响浮游生物、甲壳类动物和夜晚在海水表层活动的鱼苗的生理、行为及繁殖，甚至触杀。海洋被石油污染后，通常情况是某些耐污生物种类的个体数量会增加，而对污染敏感的种类个体数量会大量减少，甚至消失，结果导致群落物种多样性指数下降。油膜大面积覆盖海水表面，严重影响了海水对大气中氧气和二氧化碳的吸收，海水中的氧化速度、氧气更换速度大大降低，导致很多水生生物因缺氧而死亡。

1. 春季

春季, 海水的石油类含量较低, 是一年中海水石油类含量最低的季节, 石油类含量分布变化幅度较大, 各站石油类含量分布无明显趋势, 均达到一类海水水质标准。石油类含量最高点在 5 号站, 为 2.40 μg/L, 石油类含量最低点在 8 号站, 为 1.33 μg/L (图 3-96)。

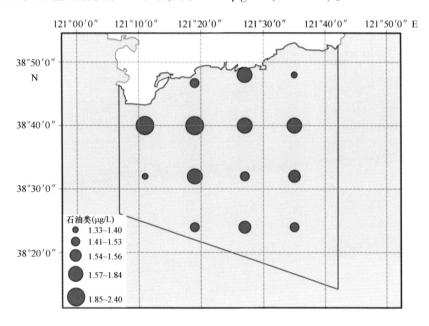

图 3-96　春季石油类含量

2. 夏季

夏季, 海水的石油类含量略有上升, 石油类含量分布变化幅度较大, 各站石油类含量分布无明显趋势, 均达到一类海水水质标准。石油类含量最高点在 5 号站, 为 2.83 μg/L, 石油类含量最低点在 13 号站, 为 1.44 μg/L (见图 3-97)。

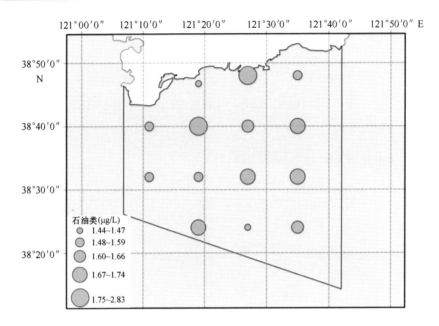

图 3-97　夏季石油类含量

3. 秋季

秋季，海水的石油类含量大幅度上升，石油类含量分布变化幅度较大，在近岸 1 号、6 号和 7 号站附近海域及远岸一侧 13 号站附近海域分别有一个石油类含量较高的区域，其余区域石油类含量较低。各站位均达到一类海水水质标准。石油类含量最高点在 6 号站，为 9.70 μg/L，石油类含量最低点在 8 号站，含量为 2.17 μg/L（见图 3-98）。

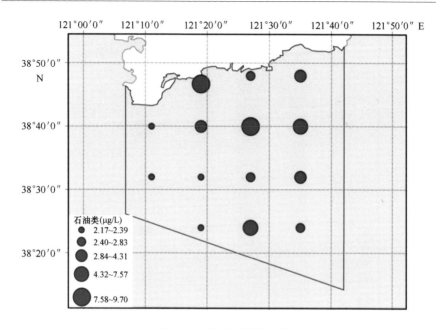

图 3-98 秋季石油类含量

4. 冬季

冬季，海水的石油类含量大幅度上升，是一年中海水石油类含量最高的季节，石油类含量分布变化幅度较大，在 7 号、12 号和 14 号站附近海域分别有一个石油类含量较高的区域，其余区域石油类含量较其他季节也有大幅度升高。各站位均达到一类海水水质标准。石油类含量最高点在 7 号站，为 11.90 μg/L，石油类含量最低点在 10 号站，为 4.38 μg/L（图 3-99）。

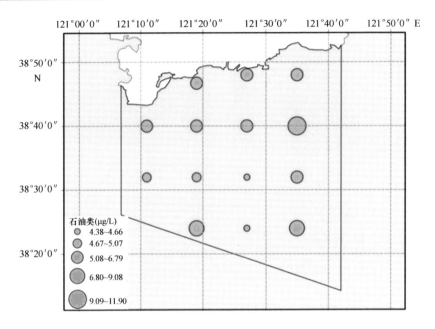

图 3-99　冬季石油类含量

3.20　六六六

六六六（HCH），学名六氯环己烷，作为有机氯农药最主要的品种之一，是一种高效的广谱杀虫剂，曾经是全球风靡一时的杀虫剂。HCH 杀虫力极强，作用于昆虫神经，有触杀、熏蒸等作用，对于农业上几种主要害虫，如蝗虫、稻螟、棉芽、玉米螟及地下害虫等都可以起到防治作用。由于用途广、制造容易、价格便宜，20 世纪 50—60 年代在全世界广泛生产和应用。中国从 1947 年起由邱士邦院士将六六六引入国内进行试验，于 1951 年试生产，1952 年转入批量生产，累计生产 81 595 t。但由于证实其毒性大、难分解、易富集，在大量使用的同时也给环境和人类健康造成巨大伤害，因而已于 20 世纪 80 年代初期禁止使用。研究水体中 HCH 的含量变化，对了解 HCH 对环境造成持久性的污染有着非常重要的意义。

本次调查的 4 个航次中，各站位海水均未检出六六六的存在。

3.21　滴滴涕

滴滴涕（DDTs），学名双对氯苯基三氯乙烷，属于氯苯类衍生物，是有机氯农药（OCPs）的一种，也是环境中持久性有机污染物之一，具有脂溶性、难降解性、生物累积和生物毒性等特点，是全球环境污染研究的热点问题。中国在 1983 年禁止生产 DDTs 作为 OCPs，但 DDTs 仍可以作为其他用途使用，如作为三氯杀螨醇制备的中间体、防污漆生产和预防疟疾等方面。大量的 DDTs 污染物通过工业废水和生活污水的排放、农药的土壤渗漏、地表径流和大气沉降等方式进入水体，水体中的悬浮颗粒物更易吸附 DDTs 污染物，通过沉降作用长久蓄积于底质沉积物中，不仅长期危害水生生态系统，而且可通过食物链的累积和放大作用，对人类健康造成严重影响。

本次调查的 4 个航次中，各站位海水均未检出滴滴涕的存在。

第4章　海洋沉积物调查与研究

沉积物是海洋生态系统中重要的组成部分，其特征与海岸动力环境、人类开发活动类型、强度等因素密切相关，同时也对水体及海洋生物分布有着一定的影响。

在本次调查过程中，考虑到项目目的及调查海域基本情况，在沉积物化学部分共设置了66个观测站（图4-1），粒度组成部分共设置了154个观测站（图4-2）；调查要素包括有机碳、石油类、总氮、总磷、铜、铅、锌、镉、汞、砷、硫化物、多氯联苯、多环芳烃、粒度组成

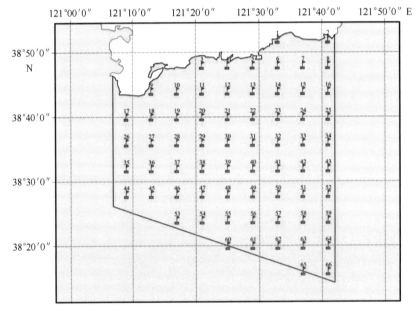

图4-1　沉积物化学观测站位

等。其中，沉积物化学部分采样站位中 9 号、17 号、18 号、19 号、26 号、28 号和 35 号站 7 个站位，因底质为砾石，未能采集到化学分析样品。

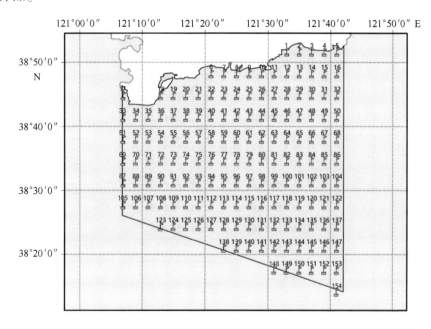

图 4-2　沉积物粒度组成观测站位

4.1　有机碳

海洋沉积物中有机碳的来源分为内源输入和外源输入两种，内源有机碳主要由水体生产力本身产生的动植物残体、浮游生物及微生物等的沉积形成，外源输入主要由外界水源补给过程中携带进来的颗粒态和溶解态的有机碳组成。

调查海域沉积物的有机碳含量变化范围较大，总体呈中部较低、近岸及远岸两侧较高的趋势，其中近岸一侧有机碳含量高于远岸一侧，依据《海洋沉积物质量》标准（GB 18668—2002），各站均符合第一类海洋沉积物质量标准。其中，有机碳含量最大值出现在近岸一侧的 6 号站，为 14.33 mg/g；有机碳含量最小值出现在中部东侧的 23 号站，为 2.22 mg/g（图 4-3）。

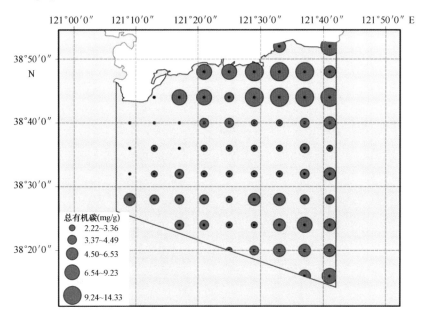

图 4-3　沉积物有机碳含量

4.2　石油类

石油及其炼制品（汽油、柴油、煤油等）在开采、炼制、储运和使用过程中进入海洋环境而造成的污染，是世界性质的海洋污染问题。含油污水中重油和沥青等，以及贴附在悬浮物上的石油，进入海域后比较迅速地在河口和港湾沉降。浮油和乳化油在海水中的迁移过程中碰到悬浮物和胶体后，在一定条件下也会发生沉降。在石油污染海域沉积物中含油量也较高。

调查海域沉积物的石油类含量变化范围较大，总体呈近岸一侧较高、远岸一侧较低的趋势，依据《海洋沉积物质量》标准（GB 18668—2002），各站均符合第一类海洋沉积物质量标准。其中石油类含量最大值出现在近岸一侧的 3 号站，为 117.4 μg/g；石油类含量最小值出现在中部东侧的 53 号站，为 16.8 μg/g（图 4-4）。

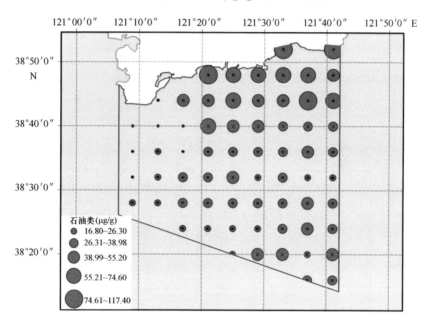

图 4-4　沉积物石油类含量

4.3　总氮

海洋沉积物中的总氮主要来源于河流进入海洋的营养物质，以及海洋生物的组成物质，海洋沉积物中大量的总氮逐渐累积起来，它的"二次释放"会成为海洋中营养盐的重要的内负荷。一般情况下，沉积物与海水之间保持一种吸收和释放的动态平衡，然而在一定条件下，蓄积在沉积物中的氮仍通过形态变化或界面特性改变而释放，严重影响水体的质量，其中氨氮（NH_4^+-N）作为其主要的释放形式已经引起了国内外学者的广泛关注，释放进入水体中的 NH_4^+-N 容易在海水中累积、扩散和迁移，在沉积物和海水之间进行交换，进而引起水体富营养化。

调查海域沉积物的总氮含量变化范围较大，总体呈近岸东北侧及远岸东南侧较高、其余海域较低的趋势，根据《第二次全国海洋污染基线调查技术规程》提供的沉积物评价标准，大连南部海域共有 11 个站总氮含量超标，超标率达 16.7%。其中，总氮含量最大值在远岸一侧的 58 号站，为 965.65 μg/g；总氮含量最小值出现在远岸中部的 56 号站，为 111.87 μg/g（图 4-5）。

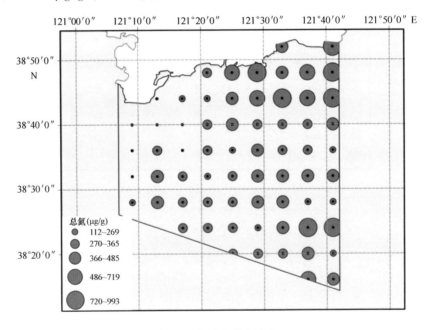

图 4-5　沉积物总氮含量

4.4　总磷

磷作为重要的生源要素，其生物化学循环直接与海洋资源的可持续利用及全球变化密切相关。大量研究表明，如果缺乏磷可限制海洋生物的生长繁殖，而其过剩又可引起海水严重的富营养化。海洋中的磷大部分存在于海底沉积物中，海洋沉积物对海洋中的磷循环起着无法替代的作用。研究表明，海洋沉积物中存在大量的磷元素，且其结合形态各异，一些较弱的结合形态可在环境变化较大的情况下参与海洋的循环。

调查海域沉积物的总磷含量变化范围较大，总体呈远岸东南侧较高、其余海域较低的趋势，根据《第二次全国海洋污染基线调查技术规程》提供的沉积物评价标准，大连南部海域共有 4 个站位超标，超标率为 6.1%。其中，总磷含量最大值出现在远岸一侧的 58 号站，为 764.05 μg/g；总磷含量最小值出现在近岸的 2 号站，为 163.34 μg/g（图 4-6）。

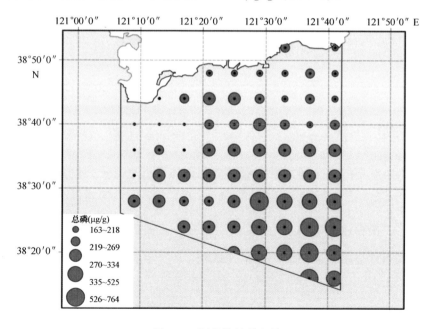

图 4-6　沉积物总磷含量

4.5 铜

铜是生命必需元素，但过量后很难被降解，沉积物中的铜可以溶解进入水体，也可以水解成氢氧化物，或生成硫化物、碳酸盐等，还能与多种阴离子或有机质配位形成络合物，被吸附进入沉积物中累积起来。在外界环境改变的情况下，沉积物中这种结合状态的铜能再度被释放，引起环境的二次污染。同时，沉积物是底栖生物主要的生活场所和饵料来源，蓄积于沉积物中的铜作用于底栖生物，经过生物富集和食物链放大作用，还能够作用于陆生生物乃至人类，因此沉积物环境中铜的含量与生态系统健康密切相关。

调查海域沉积物的铜含量变化范围较大，总体呈近岸一侧较高、远岸一侧较低的趋势，同时远岸一侧大体呈西高东低的趋势。依据《海洋沉积物质量》标准（GB 18668—2002），各站均符合第一类海洋沉积物质量标准。其中，铜含量最大值出现在近岸一侧的 2 号站，为 33.22 μg/g；铜含量最小值出现在远岸东侧的 59 号站，为 7.86 μg/g（见图4-7）。

4.6 铅

铅是典型的重金属元素，对环境和人体具有十分强烈的危害。人为排放是造成当今世界铅污染的主要原因，并主要通过大气沉降等方式进入水体，铅为海洋中的吸附-清扫型元素，在河口、海湾等沿海低能环境中，通过吸附或清扫作用能迅速沉积、聚集到海底沉积物中。

调查海域沉积物的铅含量变化范围较大，各站位无明显的分布趋势。依据《海洋沉积物质量》标准（GB 18668—2002），各站均符合第

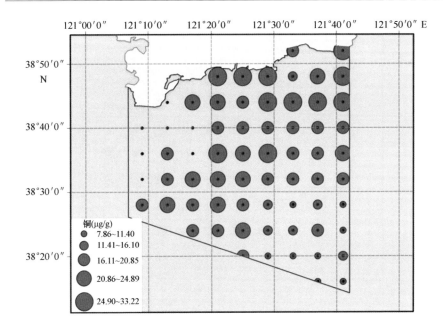

图 4-7　沉积物铜含量

一类海洋沉积物质量标准。其中，铅含量最大值出现在远岸东侧的 58 号站，为 25.44 μg/g；铅含量最小值出现在近岸东侧的 6 号站，为 10.47 μg/g（见图 4-8）。

4.7　锌

　　锌是生命必需元素，过量后很难被降解，在沉积物中可以溶解进入水体，也可以水解成氢氧化物、硫化物、碳酸盐等，还能与多种阴离子或有机质配位形成络合物，被吸附进入沉积物中累积起来。在外界环境改变的情况下，沉积物中锌还可以被再度释放，引起环境的二次污染，同时也可以被底栖生物或浮游生物吸收，沿食物链继续传递。

　　调查海域沉积物的锌含量变化范围较大，总体呈近岸一侧较高、

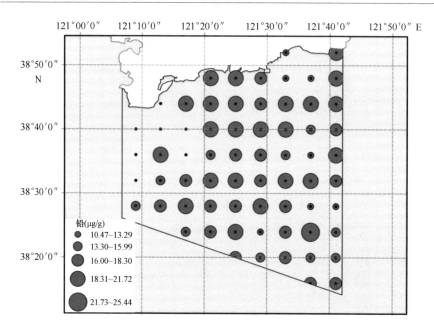

图 4-8　沉积物铅含量

远岸一侧较低的趋势，同时远岸一侧大体呈西高东低的趋势。依据《海洋沉积物质量》标准（GB 18668—2002），各站均符合第一类海洋沉积物质量标准。其中，锌含量最大值出现在近岸一侧的 5 号站，为 145.03 μg/g；锌含量最小值出现在远岸一侧的 56 号站，为 34.33 μg/g（图 4-9）。

4.8　镉

镉是一种生物非必需的毒副作用很强的有毒元素，因其毒性大、应用广泛而成为一种主要的重金属污染物。研究表明，镉在海洋生物体内极易富集，并通过食物链影响人体健康。实际上，进入海洋环境中的重金属污染物中的相当一部分最终进入沉积物中，而且能在沉积物中长期

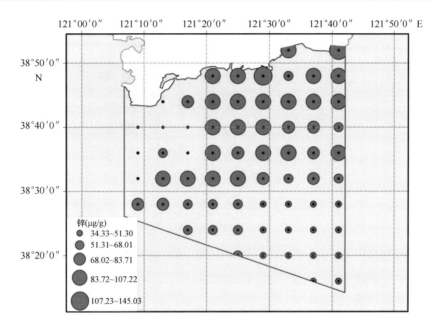

图 4-9　沉积物锌含量

存在，沉积物中高含量的重金属可能对底栖生物造成危害，影响底栖生物群落结构，以及底栖生物群落在食物链能量传递、有机物分解和污染物降解方面的功能。因此，关于海洋沉积物中镉的含量在海洋环境监测中意义重大。

调查海域沉积物的镉含量变化范围较大，总体呈近岸一侧较高、远岸一侧较低的趋势，同时远岸一侧大体呈西高东低的趋势。依据《海洋沉积物质量》标准（GB 18668—2002），各站均符合第一类海洋沉积物质量标准。其中，镉含量最大值出现在近岸一侧的 5 号站，为 0.47 μg/g；镉含量最小值出现在远岸一侧的 57 号、58 号、59 号、61 号和 66 号站，为 0.04 μg/g（见图 4-10）。

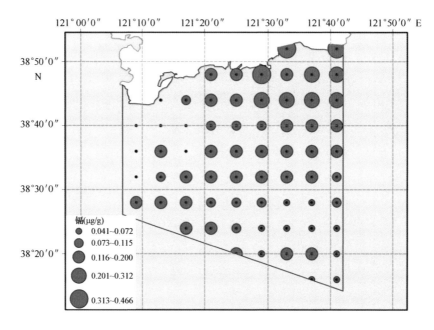

图4-10　沉积物镉含量

4.9　汞

　　汞是全球性的污染物，是一种具有严重生理毒性的化学物质，其毒性具有持久性、高度积累性和易迁移性，能通过物理、化学或生物途径在水相、气相和固相中相互运移，并通过食物链的富集作用危害人类健康。沉积物常被看作是海洋环境中汞的主要储库，全球范围内超过98%的汞存在于海洋沉积物中，沉积物也是汞甲基化过程的主要场所。甲基汞（MeHg）是所有汞形态中毒性最大的一种，食用被甲基汞污染的海产品，是人类暴露于甲基汞的主要途径，甲基汞侵害神经系统，尤其是中枢神经，且该伤害不可逆转。沉积物中的汞一般保持相对稳定状态，但当环境发生变化时，上覆水与沉积物间的平衡被打破，沉积物中的汞将重新释放到水体中，引发严重的二次污染。因此对海洋沉积物中的汞含量和分布情况的调查尤为重要。

调查海域沉积物的汞含量变化范围较大，总体呈近岸一侧较高、远岸一侧较低的趋势，同时远岸一侧大体呈西高东低的趋势。依据《海洋沉积物质量》标准（GB 18668—2002），各站均符合第一类海洋沉积物质量标准。其中，汞含量最大值出现在近岸一侧的 4 号站，为 0.06 μg/g；汞含量最小值出现在远岸一侧的 52 号、59 号、62 号、63 号和 64 号站，为 0.02 μg/g（图 4-11）。

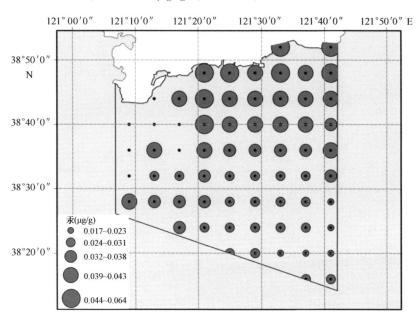

图 4-11　沉积物汞含量

4.10　砷

砷是能在生物体内富集致癌的优先污染物。砷污染主要来源于采矿、冶金、化工、化学制药、农药生产、纺织、玻璃、制革等人类活动产生的工业废水及生活污水，以及风化和生物活动等自然过程。产生的砷先进入水环境，而后通过物理运输冲刷向河口区迁移，进入水体的砷化合物绝大部分由水相转入悬浮物中，并随悬浮物的沉降进入沉积物。生物可直接或间接地从沉积物中累积砷，并通过食物链传递到人体内，使人类的健康受到潜在的危害，潜伏期长达几十年。海底沉积物既是污染物质的归宿又是滋生第二次污染的温床，因其能反映环境中的污染现状和历史而被认为是污染的重要指标。

　　调查海域沉积物的砷含量变化范围较大，总体呈近岸一侧较低、远岸一侧较高的趋势，同时远岸一侧大体呈西低东高的趋势。依据《海洋沉积物质量》标准（GB 18668—2002），各站均符合第一类海洋沉积物质量标准。其中，砷含量最大值在远岸东侧的 58 号站，为 12.10 μg/g；砷含量最小值出现在中部海域的 39 号站，为 4.33 μg/g（图 4-12）。

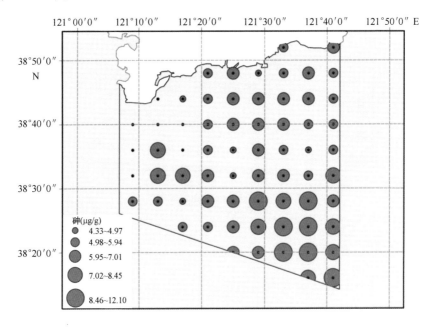

图 4-12　沉积物砷含量

4.11　硫化物

硫化物是沉积物中硫的主要存在形式之一，其主要是由硫酸盐还原细菌经过一系列复杂的过程形成。沉积物中硫化物的循环不仅是评估环境氧含量水平的关键因素，还对环境污染方面有重要的意义。比如：硫化物的形成和埋葬被认为是铁和硫清除的主要途径，尤其是酸可挥发性硫化物（AVS）的形成。AVS 的形成对降低生物毒性起着重要的作用，首先溶解于间隙水的硫化氢对许多底栖生物是有毒的，通过形成金属硫化物对硫化氢的固定是减少硫化氢毒性的重要机制；另外，重金属硫化物沉淀的溶解度极低，二价重金属离子（Cd^{2+}、Fe^{2+}、Pb^{2+}、Cu^{2+}、Ni^{2+}、Zn^{2+}、Cr^{2+}等）与 S^{2-} 结合后生成沉淀，生物毒性也大大降低，因此 AVS 与同步浸取重金属的比值（AVS/SEM）是评估重金属毒性的重要参数。同时硫化物的积累也有对环境不利的一面，例如，沉积物的再悬浮中 AVS 的氧化可导致上覆水的缺氧和酸化，而 AVS 和铁的作用阻止了 Fe^{2+} 与磷产生沉淀，导致水体中磷含量上升，引发赤潮等。因此，沉积物中硫化物的研究对水环境的评价至关重要。

调查海域沉积物的硫化物含量变化范围较大，各站位分布趋势不明显，硫化物含量较高区域集中在近岸东北侧，其他区域也有少量分布，硫化物含量较低区域主要集中在中部海域。依据《海洋沉积物质量》标准（GB 18668—2002），各站均符合第一类海洋沉积物质量标准。其中，硫化物含量最大值出现在近岸一侧的 4 号站，为 185.52 μg/g；硫化物含量最小值出现在中部海域的 40 号站，为 1.22 μg/g（见图 4-13）。

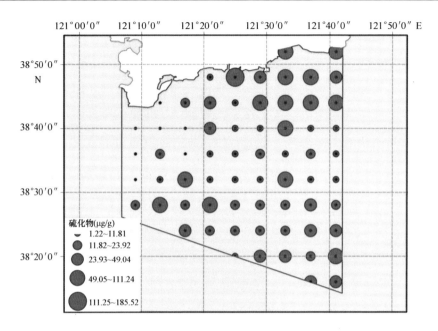

图 4-13　沉积物硫化物含量

4.12　多氯联苯

多氯联苯（PCBs）是一类广泛存在于水环境中的持久性有机污染物，由于具有潜在的"致畸、致癌、致突变"效应而被广泛关注。《斯德哥尔摩公约》已将多氯联苯列为首批污染物控制对象，美国环境保护署也将多氯联苯列为优先控制有机污染物的"黑名单"。多氯联苯进入水体后，较易吸附于悬浮颗粒物上，悬浮颗粒物中的多氯联苯根据不同悬浮颗粒物粒径大小以一定的速度沉积到底泥中形成积累。自然界中真正能去除的多氯联苯仅是一小部分，吸附于沉积物颗粒中的大部分多氯联苯都参与到再循环过程中，形成二次污染。

调查海域沉积物的多氯联苯含量变化范围较小，主要集中在近岸东侧及远岸西南一侧。共检测出 17 个站位存在多氯联苯，检出率为 25.8%，依据《海洋沉积物质量》标准（GB 18668—2002），各站均符合第一类海洋沉积物质量标准。其中，多氯联苯含量最大值出现在近岸东侧的 1 号站，为 2.069 ng/g；多氯联苯含量最小值出现在中部海域的 59 号站，为 0.114 ng/g（图 4-14）。

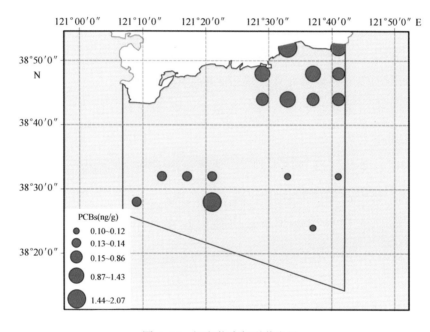

图 4-14　沉积物多氯联苯含量

4.13　多环芳烃

多环芳烃（PAHs）是由两个或两个以上的苯环以稠环的形式连接成的一组芳香族化合物以及它们的烷基化取代化合物，在环境中广泛存在，并具有致畸、致癌和致突变的特性。目前，16 种多环芳烃已被美国环保局列入优先控制的污染物名录，其中的部分烷基化多环芳烃毒性远强于其母体化合物。多环芳烃能够在食物链中传递，并发生生物累积和富集放大作用，多环芳烃的母体和烷基化多环芳烃均会对海洋生态系统造成严重的危害。多环芳烃在海水中以溶解相和颗粒相的形式存在并时刻发生迁移转化，同时可以通过沉降进入海洋沉积物。沉积物中的多环芳烃还可通过再悬浮重新进入水体或大气中，造成"二次污染"。近十几年来，随着人口和经济的迅速增长，我国近岸多环芳烃污染呈现逐渐增加的趋势，特别是海上石油开采、海上船舶通行频繁和海上溢油事故均加剧了多环芳烃给海洋环境带来的生态风险。

调查海域沉积物的多环芳烃含量变化范围较大，总体呈近岸较高、远岸较低的趋势，同时远岸西侧海域略高于东侧海域。根据《第二次全国海洋污染基线调查技术规程》提供的沉积物评价标准，各站均符合标准。其中，多环芳烃含量最大值出现在近岸东侧的 25 号站，为 183.00 ng/g；多环芳烃含量最小值出现在远岸一侧的 56 号站，为 21.90 ng/g（见图 4-15）。

4.14　粒度组成

粒度是一种海洋沉积物的基本属性，是对沉积物进行分类和命名的依据，也是反映海水动力环境的重要指标，其组成和分布主要受控于物源、搬运方式、水动力条件及地形地貌等因素。粒度资料是沉积学研究的重要基础资料，粒度分析在划分海底沉积类型、区分沉积环境、判断物质输运方式和判别水动力条件等方面都具有重要的作用。沉积物粒度分析方法有传统的沉降法、筛析法、综合法、显微镜法和现代的激光粒度分析仪等测量方法。

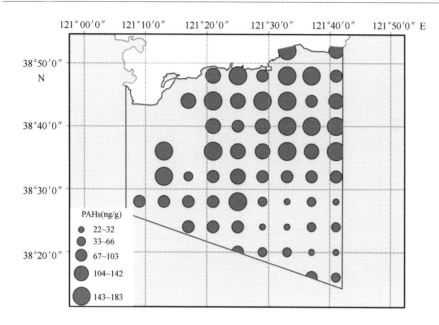

图 4-15　沉积物多环芳烃含量

　　调查海域沉积物颗粒按粒径大小主要可分为砾石 （≥ 2 mm）、砂 （0.063~2 mm）、粉砂 （0.004~0.063 mm） 和黏土 （≤ 0.004 mm） 4 个粒级组分。按照其主要粒级组分对该海域沉积物划分如图 4-16 所示。

　　调查海域砾石组分含量变化较大，绝大部分站位均含有砾石组分，但砾石组分含量所占比例大都很低。砾石为主的区域在调查海域分布十分有限，共计 12 个站位，占总调查站位数的 7.8%，主要集中在老铁山南侧近岸海域、小平岛南侧近岸海域，调查海域中部区域也有少量分布。

　　调查海域砂组分含量变化较大，含量从 0 到 86.4% 不等，大部分站位砂粒级含量在 50% 以上，占调查海域的 43.5%；砂粒级含量在 20% 以下的部分较小，占调查海域的 24.0%。以砂为主的区域在调查海域分

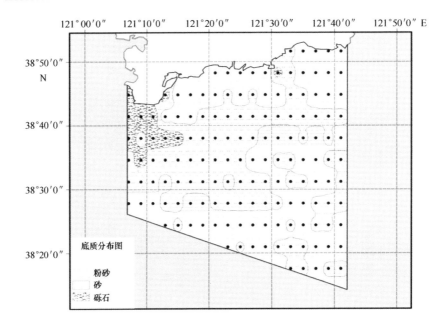

图 4-16 沉积物粒度组成分布

布较广，共计 76 个站位，占总调查站位数的 49.4%，主要集中在调查海域中部区域西侧海域，其他海域也有少量分布。

调查海域粉砂组分含量变化较大，含量从 0 到 80% 不等，大部分站位粉砂粒级含量在 50% 以下，占调查海域的 67.5%，其中含量在 20% 以下的部分较小，占调查海域的 3.9%。以粉砂为主的区域在调查海域分布较广，共计 66 个站位，占总调查站位数的 42.9%，主要集中在调查海域近岸一侧中部及东部、调查海域中部区域东侧海域及调查海域远岸一侧，其他区域也有少量分布。

调查海域黏土组分含量变化较大，含量从 0 到 42.03% 不等，但绝大部分站位黏土粒级含量在 20% 以下，占调查海域的 90%，黏土粒级含量大于 20% 的站位零星分布在调查海域近岸西侧、中部东侧、远岸一侧。调查中无以黏土为主要组分的站位。

第5章 海洋生物调查与研究

海洋生物的研究是海洋科学研究的重要组成部分，也是核心内容之一，其研究范围很广，从微生物到鲸、从浅海到深海、从近岸到大洋，既包含海洋生物多样性的研究，也包含海洋生物生产过程以及生物地球化学循环的研究。其研究手段多样，研究方法上也需要开展多学科交叉融合，是一门复杂的学科。我国目前有关海洋生物的研究重点围绕海洋生物的种类组成和数量变化，包括初级生产力、浮游生物种类组成、分布格局和数量变化，底栖生物种类组成和数量变化等。本项目调查过程中考虑到项目目的及调查海域基本情况将调查要素分为两类：第一类调查要素包括叶绿素、初级生产力、病原微生物、浮游植物、浮游动物及鱼类浮游生物和渔业资源，调查设置观测站 14 个（见图 5-1）；第二类调查要素为大型底栖生物，调查设置观测站 154 个（见图 5-2）。

5.1 叶绿素

叶绿素是自养植物细胞中一类很重要的色素，是植物进行光合作用时吸收和传递光能的主要物质。叶绿素 a 是叶绿素中的主要色素，被广泛应用于环境毒理研究、赤潮风险预警、远洋渔情判断等领域。

1. 春季

春季，海水的叶绿素 a 含量较高。表层叶绿素 a 含量分布变化幅度

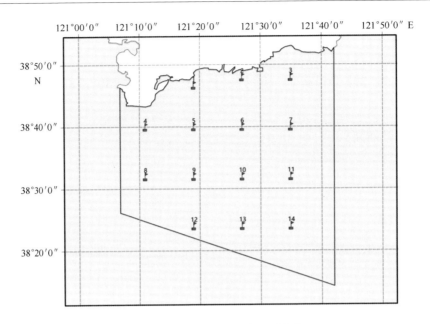

图 5-1 第一类调查要素观测站位

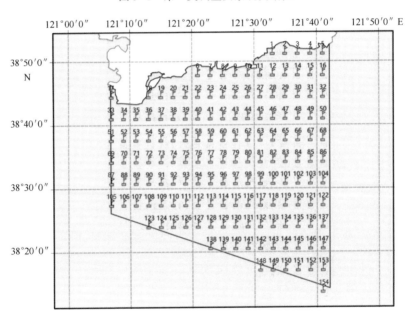

图 5-2 第二类调查要素观测站位

较大，叶绿素 a 含量主要呈近岸高、远岸低的趋势，但在调查海域中部区域有叶绿素 a 含量较高的区域。叶绿素 a 含量最高点在 1 号站，为 4.12 μg/L；叶绿素 a 含量最低点在 8 号站，为 0.20 μg/L（图 5-3）。底层叶绿素 a 含量分布变化幅度较大，叶绿素 a 含量无明显趋势。叶绿素 a 含量最高点在 1 号站，为 4.05 μg/L；叶绿素 a 含量最低点在 5 号站，为 0.25 μg/L（见图 5-4）。

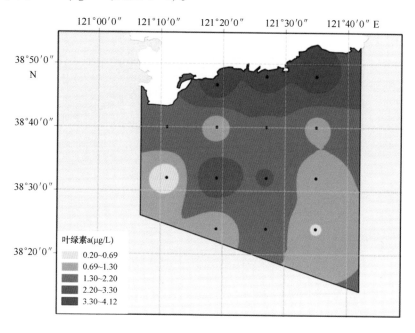

图 5-3　春季表层叶绿素 a 分布

2. 夏季

夏季，海水的叶绿素 a 含量下降，表底层海水叶绿素 a 含量达到一年最低。表层叶绿素 a 含量分布变化幅度较小，叶绿素 a 含量无明显趋势。叶绿素 a 含量最高点在 5 号站，为 1.10 μg/L；叶绿素 a 含量最低

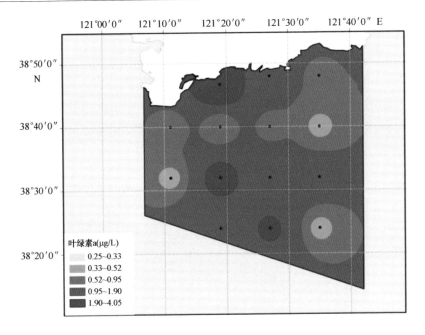

图 5-4　春季底层叶绿素 a 分布

点在 9 号站，为 0.04 μg/L（见图 5-5）。底层叶绿素 a 含量分布变化幅度较小，叶绿素 a 含量主要呈西侧较低、东侧较高的趋势。叶绿素 a 含量最高点在 2 号站，为 0.78 μg/L；叶绿素 a 含量最低点在 4 号站，为 0.06 μg/L（见图 5-6）。

3. 秋季

秋季，海水的叶绿素 a 含量略有升高。表层叶绿素 a 含量分布变化幅度较小，叶绿素 a 含量主要呈近岸高远岸低、西侧高东侧低的趋势。叶绿素 a 含量最高点在 13 号站，为 0.86 μg/L；叶绿素 a 含量最低点在 3 号站，为 0.11 μg/L（见图 5-7）。底层叶绿素 a 含量分布变化幅度较大，主要呈近岸高远岸低、西侧高东侧低的趋势，但在调查海域东北侧

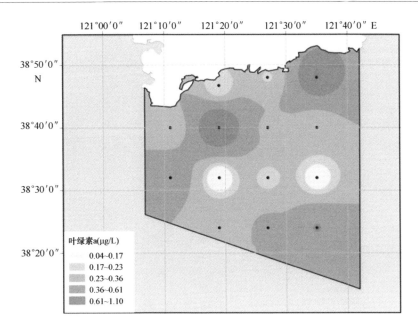

图 5-5　夏季表层叶绿素 a 分布

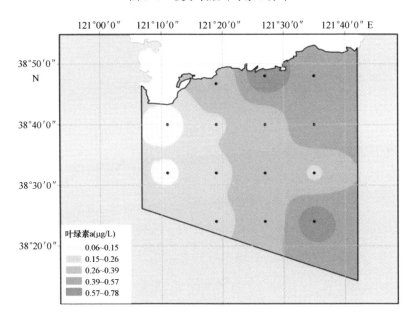

图 5-6　夏季底层叶绿素 a 分布

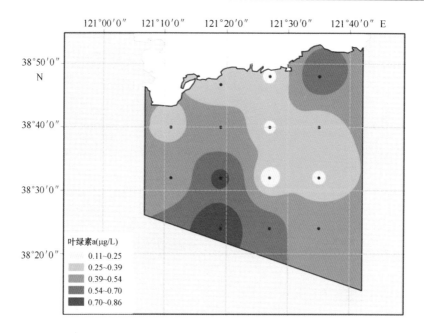

图 5-7　秋季表层叶绿素 a 分布

近岸区域有一个叶绿素 a 含量较高的区域。叶绿素 a 含量最高点在 12 号站，为1.51 μg/L；叶绿素 a 含量最低点在 10 号站，为 0.14 μg/L（见图 5-8）。

4. 冬季

冬季，海水的叶绿素 a 含量明显升高，达到一年中叶绿素含量最高点。表层叶绿素 a 含量分布变化幅度较大，叶绿素 a 含量主要呈西侧较低、东侧较高的趋势，调查海域中叶绿素高值区在东南远岸一侧。叶绿素 a 含量最高点在 14 号站，为 8.57 μg/L；叶绿素 a 含量最低点在 6 号站，为 1.7 μg/L（见图 5-9）。底层叶绿素 a 含量分布变化幅度较大，叶绿素 a 含量主要呈西侧较低东侧较高、近岸较低远岸较高的趋势。叶

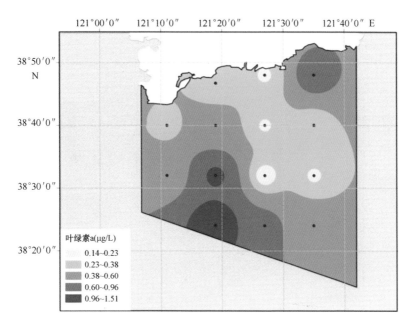

图 5-8　秋季底层叶绿素 a 分布

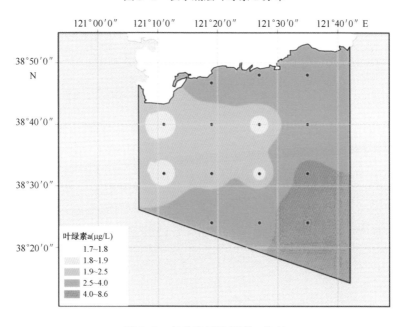

图 5-9　冬季表层叶绿素 a 分布

绿素 a 含量最高点在 3 号站，为 10.20 μg/L；叶绿素 a 含量最低点在 8
号站，为 2.37 μg/L（图 5-10）。

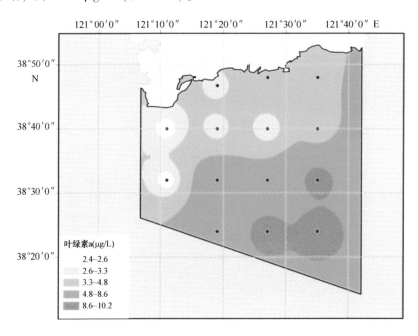

图 5-10　冬季底层叶绿素 a 分布

5.2　初级生产力

海洋初级生产力代表着海洋生产有机物质的能力，是海洋生态系统
中重要的驱动因子，能直接影响生态系统的结构与功能，与其能量流动
和物质循环密切相关。其分布不仅与浮游植物的生物量和营养盐的供给
有关，还受光照、温度、水体稳定度以及浮游植物群落结构等诸多因素
影响。

1. 春季

春季，海水的初级生产力水平较高，是一年中初级生产力最高的季

节。初级生产力分布变化幅度较大，主要呈近岸及中部海域较高、远岸及两侧海域较低的趋势。初级生产力最高点在 9 号站，以碳计为 1 618 mg/（m²·d）；初级生产力最低点在 8 号站，以碳计为 99 mg/（m²·d）（图 5-11）。

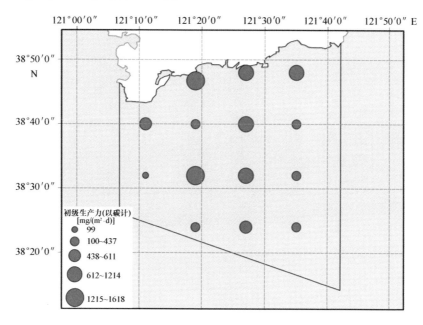

图 5-11　春季初级生产力分布

2. 夏季

夏季，海水的初级生产力水平较春季大幅度下降。初级生产力分布变化幅度较大，各站初级生产力分布无明显趋势。初级生产力最高点在 5 号站，以碳计为 684 mg/（m²·d）；初级生产力最低点在 9 号站，以碳计为 33 mg/（m²·d）（见图 5-12）。

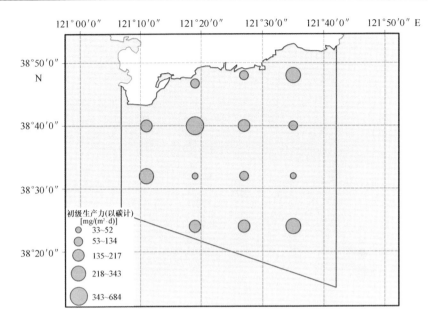

图 5-12　夏季初级生产力分布

3. 秋季

秋季，海水的初级生产力水平较夏季略有下降，是一年中初级生产力最低的季节。初级生产力分布变化幅度较大，主要呈近岸海域较低、远岸海域较高的趋势，但在远岸东南侧海域有一初级生产力低值区。初级生产力最高点在 12 号站，以碳计为 346 mg/（m² · d）；初级生产力最低点在 4 号站，以碳计为 31 mg/（m² · d）（见图 5-13）。

4. 冬季

冬季，海水的初级生产力水平较秋季大幅度上升。初级生产力分布变化幅度较大，无明显趋势。初级生产力最高点在 14 号站，以碳计为 1 807 mg/（m² · d）；初级生产力最低点在 10 号站，以碳计为 157 mg/（m² · d）（见图 5-14）。

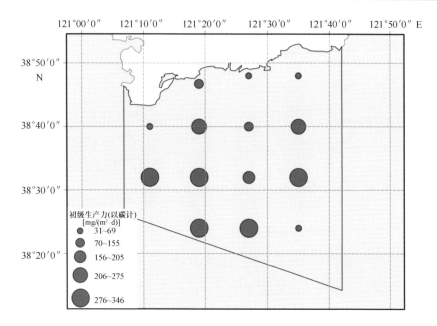

图 5-13　秋季初级生产力分布

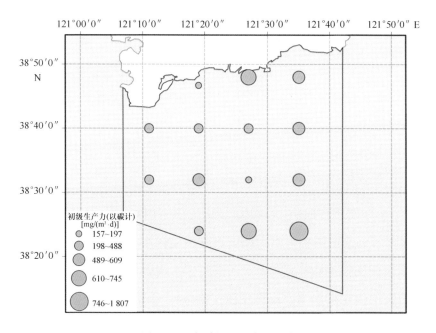

图 5-14　冬季初级生产力分布

5.3 病原微生物

病原微生物是能够引起人类、动物和植物疾病，具有致病性的微生物。大肠杆菌和弧菌是其中具有代表性的两类。弧菌是海洋环境中最常见的菌种之一，它隶属于弧菌科弧菌属，是一种静止期呈弧形的革兰氏阴性杆菌。它的分布非常广泛，从原生动物、珊瑚、海绵、水螅虫，到贝类、甲壳类、鱼等。人类食用携带弧菌的食物，可引发食物中毒、腹泻至中度霍乱样病症甚至败血症等。大肠杆菌是原核生物，构造相对简单，虽然绝大多数大肠杆菌与人类有着良好关系，但是仍有少部分特殊类型的大肠杆菌具有相当强的毒性，一旦感染，将造成严重疫情，如出血性腹泻、溶血尿毒综合征等。

1. 弧菌

夏季，海水的弧菌含量较高。表层弧菌含量分布变化幅度较大，弧菌含量分布无明显趋势。共有 13 个站位检出弧菌，检出率为 92.9%。各检出站位中，弧菌含量最高点在 1 号站，为 315 CFU/ml；弧菌含量最低点在 2 号和 5 号站，为 25 CFU/ml（见图 5-15）。底层弧菌含量分布变化幅度较大，弧菌含量分布大体呈近岸较高远岸较低，西部较高东部较低的趋势。全部站均有弧菌检出，检出率为 100.0%。弧菌含量最高点在 1 号站，为 725 CFU/ml；弧菌含量最低点在 13 号站，为 15 CFU/ml（见图 5-16）。

冬季，海水的弧菌含量大幅度下降。表层弧菌含量分布变化幅度较大，弧菌含量分布呈东部较高、西部较低的趋势，但在远岸东南侧有一个低值区。共有 9 个站位检出弧菌，检出率为 64.3%。各检出站位中，弧菌含量最高点在 7 号站，为 155 CFU/ml，弧菌含量最低点在 2 号、5

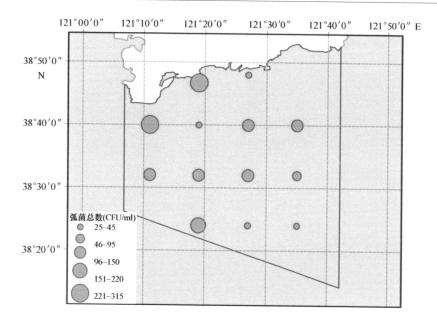

图 5-15　夏季表层弧菌含量分布

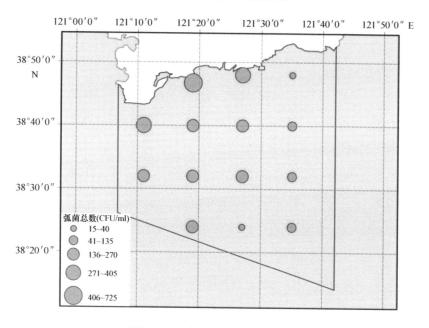

图 5-16　夏季底层弧菌含量分布

号、9 号和 11 号站，为 3 CFU/ml（图 5-17）。冬季底层未进行弧菌样品的采集。

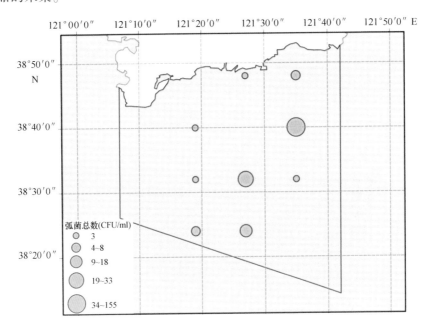

图 5-17　冬季表层弧菌含量分布

2. 大肠杆菌

夏季，海水中的大肠杆菌含量较高。表层大肠杆菌含量分布变化幅度较大，大肠杆菌含量分布总体呈西部较高、东部较低的趋势。全部站位均有大肠杆菌检出，检出率为 100.0%。大肠杆菌含量最高点在 1 号站，为 5.40 MPN/ml；大肠杆菌含量最低点在 11 号站，为 0.08 MPN/ml（见图 5-18）。底层大肠杆菌含量分布变化幅度较小，在近岸东北侧与远岸西南侧各有一个高值区，其余各站位均较低。全部站位均有大肠杆菌检出，检出率为 100.0%。大肠杆菌含量最高点在 3 号站，为 1.70 MPN/ml；大肠杆菌含量最低点在 14 号站，为 0.05 MPN/ml（见图 5-19）。

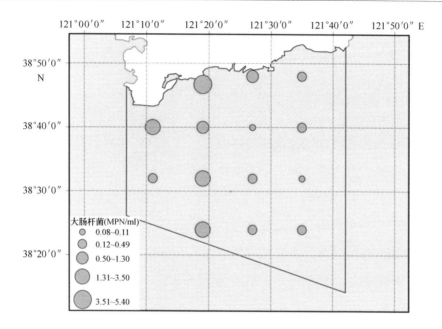

图 5-18　夏季表层大肠杆菌含量分布

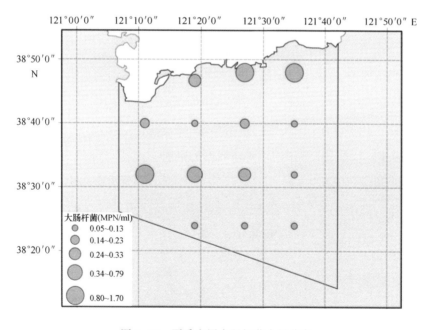

图 5-19　夏季底层大肠杆菌含量分布

冬季，海水中的大肠杆菌含量较低。本项目仅进行了表层海水的大肠杆菌样品采集，各站位均未检出大肠杆菌，检出率为0。

5.4 浮游植物

浮游植物是海洋动物及其幼体的直接或者间接饵料，是海洋初级生产力的基础，对海洋生物资源的变化起着极为重要的作用。而且，浮游植物在海洋生态系统的物质循环和能量流动过程中发挥关键作用。同时，由于浮游植物的分布直接受海水运动的影响，其作为海流、水团的指示生物，在研究海洋水文动力学方面具有重要作用。此外，浮游植物具有较强的富集污染物能力，已被广泛应用于海洋生态环境保护的研究与运用中。

1. 种类组成

本次调查共检测出浮游植物3门共计76种，其中硅藻门56种，占总数的73.7%，甲藻门19种，占总数的25.0%，金藻门1种，占总数的1.3%。春季共检测出浮游植物2门30种，其中硅藻门25种，占总数的83.3%，甲藻门5种，占总数的16.7%；夏季共检测出浮游植物2门39种，其中硅藻门25种，占总数的64.1%，甲藻门14种，占总数的35.9%；秋季共检测出浮游植物2门38种，其中硅藻门30种，占总数的78.9%，甲藻门8种，占总数的21.1%；冬季共检测出浮游植物3门27种，其中硅藻门24种，占总数的88.9%，甲藻门2种，占总数的7.4%，金藻门1种，占总数的3.7%。

2. 数量分布

调查海域四个季节浮游植物总平均密度为 285×10^4 个/m^3，季节变化较为明显，以冬季最高，夏季次之，秋季最低，但春、夏、秋三季差别较小。春季浮游植物平均密度为 31.2×10^4 个/m^3，主要优势种为密联角毛藻，具槽直链藻和微小原甲藻次之；夏季浮游植物平均密度为 34.0×10^4 个/m^3，主要优势种为角毛藻，三角角藻和大角角藻次之；秋季浮游植物平均密度为 30.5×10^4 个/m^3，主要优势种为紧挤角毛藻，夜光藻和密联角毛藻次之；冬季浮游植物平均密度为 1 045.0×10^4 个/m^3，主要优势种为具槽直链藻，诺氏海链藻和中肋骨条藻次之。调查海域浮游植物中硅藻类无论个数或种数都占绝对优势，种类组成主要有角毛藻属、圆筛藻属、根管藻属等。

3. 浮游植物群落生物特征

调查海域浮游植物多样性指数的四季变化范围为 2.75~3.95，平均值为 3.18；四季均匀度值的变化范围为 0.55~0.72，平均值为 0.60。多样性指数最大值出现在夏季，均匀度值最大值也出现在夏季。调查海域浮游植物丰富度的总体水平较低，变化范围为 1.18~2.03，平均值为 1.70，最大值出现在夏季航次，最小值出现在冬季航次。

总的来说，浮游植物生物多样性指数的季节变化特征从高到低依次为夏季、秋季、春季、冬季；均匀度的季节变化特征从高到低依次为夏季、秋季、春季、冬季；生物丰富度的季节变化特征从高到低依次为夏季、秋季、春季、冬季。

5.5　浮游动物及鱼类浮游生物

海洋浮游动物是海洋主要的次级生产者，其种类组成、数量分布以及种群数量变动直接或间接制约着海洋生产力的发展。同时，浮游动物的种类组成和数量变化与海洋水文、海水化学等环境要素密切相关。鱼卵、仔鱼是鱼类资源进行补充和可持续利用的基础，在鱼类生命周期中数量最大，对环境的抵御能力最弱，是死亡最高的阶段，这段时期在形态学、生理学和生态学等特性方面均发生很大变化，其孵化率和成活率高低、残存量的多少决定鱼类补充群体资源量的密度。因此，对海洋浮游动物及鱼卵、仔鱼的调查研究将为海洋生物资源的开发利用、资源增殖、种群保护和海洋生态环境的研究提供重要的科学依据和指导作用。

1. 种类组成

本次调查采集的浮游动物经鉴定共有 44 种（包括浮游幼虫 11 种及鱼卵、仔鱼），隶属于 6 个门 13 类群，其中以节肢动物占绝对优势，节肢动物中又以桡足类种类最多，为 16 种，占总种数的 84.2%（浮游幼虫及鱼卵、仔鱼除外）。调查海域夏季浮游动物出现种类最多，为 34 种（含浮游幼虫及鱼卵、仔鱼 13 种），占区域总种数的 73.9%；其次是秋季，为 31 种（含浮游幼虫、仔鱼 10 种），占区域总种数的 67.4%；再次是冬季，为 20 种（含浮游幼虫 7 种），占区域总种数的 43.5%；种类最少的是春季，为 19 种（含浮游幼虫 7 种），占区域总种数的 41.3%。主要种类有拟长腹剑水蚤、腹胸刺水蚤、鸟喙尖头溞、小拟哲水蚤、沃氏纺锤水蚤、异体住囊虫、中华哲水蚤、小齿海樽、肥胖三角溞、近缘大眼剑水蚤等。桡足类的数量所占比重最大，占浮游动物总数量的 77.8%。浮游幼虫主要以桡足类幼虫为主。

2. 数量分布

调查海域四个季节浮游动物总平均密度为 10 778 个/m^3，其季节变化较为明显，以春季最高，夏季次之，冬季最低，但夏、秋、冬 3 个季节差别相对较小。春季浮游动物平均密度为 26 532 个/m³，主要优势种为拟长腹剑水蚤，腹胸刺水蚤和沃氏纺锤水蚤次之；夏季浮游动物平均密度为 7 966 个/m³，主要优势种为鸟喙尖头溞，异体住囊虫和肥胖三角溞次之；秋季浮游动物平均密度为 5 600 个/m³，主要优势种为小拟哲水蚤，小齿海樽和异体住囊虫次之；冬季浮游动物平均密度为 3 015 个/m³，主要优势种为拟长腹剑水蚤，长腕幼虫和桡足类无节幼虫次之。

3. 浮游动物群落生物特征

调查海域浮游动物多样性指数的四季变化范围为 1.92 ~ 2.80，平均值为 2.38；四季均匀度值的变化范围为 0.49 ~ 0.64，平均值为 0.56。多样性指数最大值出现在夏季，均匀度值最大值出现在冬季。调查海域浮游动物丰富度的总体水平较高，变化范围为 1.24 ~ 1.97，平均值为 1.64，最大值出现在夏季航次，最小值出现在冬季航次。

总的来说，浮游动物生物多样性指数的季节变化特征从高到低依次为夏季、秋季、春季、冬季；均匀度的季节变化特征从高到低依次为冬季、夏季、秋季、春季；生物丰富度的季节变化特征从高到低依次为夏季、秋季、春季、冬季。

5.6　大型底栖生物

底栖生物是指生活在海洋基底表面或沉积物中的各种生物所组成的生态类群，它在海洋生态系统的食物链中占有相当重要的地位。底栖生物所属门类众多，在食物链中位于第二个或第一个层次。它们以浮游或底栖植物、动物或有机碎屑为食，自身又是许多经济鱼、虾、蟹类的主要饵料。底栖生物有些种类还具有重要的经济价值，成为海洋捕捞和采集的主要对象。

1. 种类组成

本次调查中采集的大型底栖生物经鉴定共有 92 种，隶属于 11 个门，其中腔肠动物门 6 种、纽形动物门 1 种、线虫动物门 1 种、环节动物门 32 种、软体动物门 20 种、节肢动物门 15 种、腕足动物门 1 种、苔藓动物门 3 种、棘皮动物门 11 种、脊索动物门 1 种、脊椎动物门 1 种。

2. 栖息密度

本次调查中大型底栖生物的平均密度为 414.16 个/m²。在底栖生物密度组成中，按各类群在总密度中所占比例来分析，环节动物居首，平均密度为 172.55 个/m²，占总密度的 41.66%；软体动物次之，平均密度为 134.81 个/m²，占总密度的 32.55%；再次是棘皮动物，平均密度为 88.10 个/m²，占总密度的 21.27%；节肢动物，平均密度为 7.79 个/m²，占总密度的 1.88%；除以上 4 个类群外，其他 7 个类群动物占比较少，仅为 2.64%。

3. 生物量

本次调查中大型底栖生物的平均生物量为 101.93 g/m²。在底栖生物密度组成中，按各类群在总生物量中所占比例来分析，棘皮动物居首，平均密度为 42.95 g/m²，占总密度的 42.14%；软体动物次之，平均密度为 29.42 g/m²，占总密度的 28.86%；再次是环节动物，平均密度为 18.66 g/m²，占总密度的 18.31%；苔藓动物，平均密度为

4. 26 g/m²，占总密度的 4.18%；除以上 4 个类群外，其他 7 个类群动物占比较少，仅为 5.95%。

4. 群落多样性特征

调查海域大型底栖生物多样性指数为 3.85，均匀度值为 0.59，丰富度的总体水平较高，为 5.70。主要优势种为薄壳索足蛤（*Thyasira tokunagai*）、金氏真蛇尾（*Ophiura kinbergi*）、米列虫（*Melinnacristata*）。

5.7　渔业资源

渔业资源是指天然水域中具有开发利用价值的鱼类、甲壳类、贝类、藻类和海兽类等经济动植物的总体。渔业资源调查是对水域中经济动植物个体或群体的繁殖、生长、死亡、洄游、分布、数量、栖息环境、开发利用的前景和手段等进行调查，是发展渔业和对渔业资源管理的基础性工作。本次调查中主要采集到的生物为鱼类。

1. 种类组成

本次调查采集的经济生物经鉴定共有 18 种，其中脊椎动物鱼类 17 种，占总种数的 94.4%；软体动物（头足类）1 种，占总种数的 5.6%。调查中捕获的鱼类隶属于 8 目，16 科，其中鲈形目种类最多，为 5 种，占鱼类总种数的 29.4%；其次是鲉形目 3 种，占 17.6%；再次是鲀形目、鲉形目和颌针鱼目，各 2 种，占 11.8%；鮟鱇目、鲻形目和鲑形目均为 1 种，占 5.9%。采集鱼类中暖水性鱼类 4 种，占鱼类种数的 23.5%；暖温性鱼类 9 种，占鱼类种数的 53.0%；冷温性鱼类 4 种，占鱼类种数的 23.5%。按照栖息水层分，中上层鱼类 7 种，占鱼类种数的

41.2%；中下层及底层鱼类 10 种，占鱼类种数的 58.8%。本次调查中，各站位鱼类总数为 2~11 种，平均为 7.4 种，种数较多的站位为 2 号站（10 种）和 10 号站（11 种），最少的出现在 4 号站。

2. 相对密度

本次调查采集的经济生物的相对密度为 207~5 892 尾/站，平均相对密度为 2 584 尾/站。相对密度最大的站位是 3 号站，最小的是 9 号站，此外，8 号站相对密度也较小。其中鱼类的相对密度为 205~5 892 尾/站，平均相对密度为 2 584 尾/站。软体动物头足类仅在 3 个站位出现，相对密度为 0~4 尾/站，平均相对密度为 0.5 尾/站。

3. 生物量

本次调查采集的经济生物的相对生物量为 2.45~87.36 kg/站，平均相对密度为 32.39 kg/站。生物量最大的站位是 2 号站，最小的是 8 号站。调查中日本鳀是本区域主要生物资源，平均生物量为 25.30 kg/站；其次是玉筋鱼，平均生物量为 2.06 kg/站；再次是带鱼和鲕，平均生物量分别为 1.39 kg/站和 1.22 kg/站；其余类别所占比例极少。

4. 鱼类生殖

在鱼类调查和生物学的测量中，性腺成熟度 Ⅰ~Ⅴ 期的种类均有出现。其中，花鲈的性腺成熟度为 Ⅰ 期，鲛的性腺成熟度为 Ⅱ 期，斑鰶与黄鮟鱇性腺成熟度主要为 Ⅱ~Ⅲ 期，绿鳍马面鲀和银鲳的性腺成熟度主要为 Ⅱ~Ⅲ 期、少量达到 Ⅳ 期，日本鳀性腺成熟度为 Ⅲ~Ⅳ 期，鲕性腺成熟度主要为 Ⅲ~Ⅳ 期，少量为 Ⅱ 期和 Ⅴ 期，扁颌针鱼性腺成熟度为 Ⅳ~Ⅴ 期。

5. 群落多样性特征

调查海域采集到的经济生物多样性指数较低，为 1.38，均匀度值为 0.33，丰富度的总体水平较低，为 1.12。调查中捕获的 18 种经济生物中，重要性指数（IRI）大于 1 000 的优势种有 2 种，为日本鳀（IRI 值为 13 712）和玉筋鱼（IRI 值为 3 494）。两种鱼类的渔获量占总渔获量的 84.49%，密度占总密度的 93.39%。重要性指数介于 100~1 000 的重要种类有 4 种，为带鱼（IRI 值为 729）、鮸（IRI 值为 418）、斑鰶（IRI 值为 114）和黄鲫（IRI 值为 110）。

附表

附表 1 调查海域浮游植物种类名录

序号	种名	拉丁名	门	科	属
1	端尖曲舟藻	*Pleurosigma acutum*	硅藻	曲舟藻科	曲舟藻属
2	海洋曲舟藻	*P. pelagicum*	硅藻	曲舟藻科	曲舟藻属
3	尖顶曲舟藻	*Quzhou sacra turri algae*	硅藻	曲舟藻科	曲舟藻属
4	辐射圆筛藻	*Coscinodiscus radiatus*	硅藻	圆筛藻科	圆筛藻属
5	虹彩圆筛藻	*C. oculus-iridis*	硅藻	圆筛藻科	圆筛藻属
6	星脐圆筛藻	*C. asteromphalus*	硅藻	圆筛藻科	圆筛藻属
7	威氏圆筛藻	*C. wailesii*	硅藻	圆筛藻科	圆筛藻属
8	格氏圆筛藻	*C. granii*	硅藻	圆筛藻科	圆筛藻属
9	苏氏圆筛藻	*C. thorii*	硅藻	圆筛藻科	圆筛藻属
10	偏心圆筛藻	*C. excentricus*	硅藻	圆筛藻科	圆筛藻属
11	小眼圆筛藻	*C. oculatus*	硅藻	圆筛藻科	圆筛藻属
12	有翼圆筛藻	*C. bipartitus*	硅藻	圆筛藻科	圆筛藻属
13	诺氏海链藻	*Thalassiosira nordenskioldii*	硅藻	海链藻科	海链藻属
14	圆海链藻	*T. rotula*	硅藻	海链藻科	海链藻属
15	菱形海线藻	*Thalassionema nitzschioides*	硅藻	海线藻科	海线藻属
16	针杆藻	*Synedra sp.*	硅藻	脆杆藻科	针杆藻属
17	扭鞘藻	*Streptotheca thamesis*	硅藻	真弯藻科	扭鞘藻属
18	中肋骨条藻	*Skeletonema costatum*	硅藻	骨条藻科	骨条藻属
19	密联角毛藻	*Chaetoceros densus*	硅藻	角毛藻科	角毛藻属
20	洛氏角毛藻	*C. lorenzianus*	硅藻	角毛藻科	角毛藻属
21	旋链角毛藻	*C. curvisetus*	硅藻	角毛藻科	角毛藻属
22	窄隙角毛藻	*C. affinis*	硅藻	角毛藻科	角毛藻属

序号	种名	拉丁名	门	科	属
23	北方角毛藻	*C. borealis*	硅藻	角毛藻科	角毛藻属
24	紧挤角毛藻	*C. coarctatus*	硅藻	角毛藻科	角毛藻属
25	卡氏角毛藻	*C. castracanei*	硅藻	角毛藻科	角毛藻属
26	柔弱角毛藻	*C. debilis*	硅藻	角毛藻科	角毛藻属
27	圆柱角毛藻	*C. teres*	硅藻	角毛藻科	角毛藻属
28	窄面角毛藻	*C. paradoxus*	硅藻	角毛藻科	角毛藻属
29	秘鲁角毛藻	*C. peruvianus*	硅藻	角毛藻科	角毛藻属
30	具槽直链藻	*Melosira sulcata*	硅藻	直链藻科	直链藻属
31	布氏双尾藻	*Ditylum brightwellii*	硅藻	双尾藻科	双尾藻属
32	丹麦细柱藻	*Leptocylindrus danicus*	硅藻	细柱藻科	细柱藻属
33	六幅辐裥藻	*Actinoptychus hexagonus*	硅藻	辐裥藻科	辐裥藻属
34	柔弱根管藻	*Rhizosolenia delicatula*	硅藻	根管藻科	根管藻属
35	半棘钝根管藻	*R. hebeta*	硅藻	根管藻科	根管藻属
36	刚毛根管藻	*R. setigera*	硅藻	根管藻科	根管藻属
37	翼根管藻	*R. alata*	硅藻	根管藻科	根管藻属
38	斯氏根管藻	*R. stolterfothii*	硅藻	根管藻科	根管藻属
39	笔尖根管藻	*R. styliformis*	硅藻	根管藻科	根管藻属
40	长菱形藻	*Nitzschia longissima*	硅藻	菱形藻科	菱形藻属
41	环纹娄氏藻	*Lauderia annulata*	硅藻	娄氏藻科	娄氏藻属
42	辐杆藻	*Bacteriasbrum* sp.	硅藻	辐杆藻科	辐杆藻属
43	塔形冠盖藻	*Stephanopyxis turris*	硅藻	冠盖藻科	冠盖藻属
44	掌状冠盖藻	*S. palmeriana*	硅藻	冠盖藻科	冠盖藻属
45	萎软几内亚藻	*Guinardia flaccida*	硅藻	几内亚藻科	几内亚藻属
46	佛氏海毛藻	*Thalassiothrix frauenfeldii*	硅藻	海毛藻科	海毛藻属
47	尖刺菱形藻	*Nitzschia pungens*	硅藻	菱形藻科	菱形藻属

序号	种名	拉丁名	门	科	属
48	奇异菱形藻	*N. paradoxa*	硅藻	菱形藻科	菱形藻属
49	长耳盒形藻	*Biddulphia aurita*	硅藻	盒形藻科	盒形藻属
50	长角盒形藻	*B. longicruris*	硅藻	盒形藻科	盒形藻属
51	豪猪棘冠藻	*Corethron hystrix*	硅藻	棘冠藻科	棘冠藻属
52	加氏星杆藻	*Asterionella kariana*	硅藻	星杆藻科	星杆藻属
53	日本星杆藻	*A. japonica*	硅藻	星杆藻科	星杆藻属
54	膜质舟形藻	*Navicula muscatineii*	硅藻	舟形藻科	舟形藻属
55	羽纹藻	*Pinnularia*	硅藻	舟形藻科	羽纹藻属
56	优美旭氏藻	*Schrederell adelicatula*	硅藻	旭氏藻科	旭氏藻属
57	微小原甲藻	*Prorocentrum minimum*	甲藻	原甲藻科	原甲藻属
58	海洋多甲藻	*Peridinium oceanicum*	甲藻	多甲藻科	多甲藻属
59	扁平多甲藻	*P. depressium*	甲藻	多甲藻科	多甲藻属
60	叉形多甲藻	*P. quadridens furca*	甲藻	多甲藻科	多甲藻属
61	锥形多甲藻	*P. conicum*	甲藻	多甲藻科	多甲藻属
62	五角多甲藻	*P. pentagonum*	甲藻	多甲藻科	多甲藻属
63	光甲多甲藻	*P. pallidum*	甲藻	多甲藻科	多甲藻属
64	三角角藻	*Ceratium tripos*	甲藻	角藻科	角藻属
65	大角角藻	*C. macroceros*	甲藻	角藻科	角藻属
66	科氏角藻	*C. kofoidii*	甲藻	角藻科	角藻属
67	棱角藻	*C. humile*	甲藻	角藻科	角藻属
68	低顶角藻	*Humilis vertice algae*	甲藻	角藻科	角藻属
69	棱角藻	*Ceratium fusus*	甲藻	角藻科	角藻属
70	夜光藻	*Noctiluca scintillans*	甲藻	夜光藻科	夜光藻属
71	浮动弯角藻	*Eucampia zodiacus*	甲藻	弯角藻科	弯角藻属
72	钟扁甲藻	*Pyrophacus horologicum*	甲藻	扁甲藻科	扁甲藻属

序号	种名	拉丁名	门	科	属
73	斯氏扁甲藻	*Pyrophacus steinii*	甲藻	扁甲藻科	扁甲藻属
74	倒卵形鳍藻	*Dinophysis fortii*	甲藻	鳍藻科	鳍藻属
75	具尾角鳍藻	*D. caudate*	甲藻	鳍藻科	鳍藻属
76	小等刺硅鞭藻	*D. fibula*	金藻	硅鞭藻科	硅鞭藻属

附表 2　调查海域浮游动物种类名录

序号	种名	拉丁名	纲	门
1	中华哲水蚤	*Calanus sinicus*	桡足纲	节肢动物门
2	腹胸刺水蚤	*Centropages abdominalis*	桡足纲	节肢动物门
3	瘦尾胸刺水蚤	*C. tenuiremis*	桡足纲	节肢动物门
4	拟长腹剑水蚤	*Oithona similis*	桡足纲	节肢动物门
5	沃氏纺锤水蚤	*Acartic morii*	桡足纲	节肢动物门
6	猛水蚤	*Harpacticoida*	桡足纲	节肢动物门
7	近缘大眼剑水蚤	*Corycaeus affinis*	桡足纲	节肢动物门
8	小拟哲水蚤	*Paracalanus parvus*	桡足纲	节肢动物门
9	鸟喙尖头溞	*Penilia avirostris*	鳃足纲	节肢动物门
10	肥胖三角溞	*Evadne tergestina*	鳃足纲	节肢动物门
11	双刺唇角水蚤	*Labidocera bipinnata*	桡足纲	节肢动物门
12	瘦尾筒角水蚤	*Daphnia innitatur angle pars transitione*	桡足纲	节肢动物门
13	钳歪水蚤	*Tortanus forcipatus*	桡足纲	节肢动物门
14	真刺唇角水蚤	*Labidocera euchaeta*	桡足纲	节肢动物门
15	太平洋纺锤水蚤	*Acartia pacifica*	桡足纲	节肢动物门
16	刺尾歪水蚤	*Tortanus spinicaudatus*	桡足纲	节肢动物门
17	端足类	*Amphipoda*	甲壳纲	节肢动物门
18	介形类	*Ostracoda*	介形纲	节肢动物门
19	莹虾	*Luciferidae*	甲壳纲	节肢动物门
20	球形侧腕水母	*Pleurobranchia globosa*	有触手纲	腔肠动物门
21	五角水母	*Muggiaea atlantica*	水螅纲	腔肠动物门
22	薮枝螅	*Obelia*	水螅纲	腔肠动物门
23	印度八拟杯水母	*Octophialucium indicum*	水螅纲	腔肠动物门

序号	种名	拉丁名	纲	门
24	小介螅水母	*Hydractinia minima*	水螅纲	腔肠动物门
25	嵊山秀氏水母	*Sugiura chengshanense*	水螅纲	腔肠动物门
26	日本棍螅水母	*Coryne nipponica*	水螅纲	腔肠动物门
27	半球美螅水母	*Clytia hemisphaerica*	水螅纲	腔肠动物门
28	贝氏真囊水母	*Euphysora abaxialis*	水螅纲	腔肠动物门
29	强壮滨箭虫	*Sagitta fortis Bin*	矢虫纲	毛颚动物门
30	异体住囊虫	*Oikopleura dioica*	尾海鞘纲	脊索动物门
31	小齿海樽	*Parvis Thaliacea*	海樽纲	脊索动物门
32	桡足幼体	*copepodid*	桡足纲	节肢动物门
33	桡足类无节幼虫	*Nauplius larvae*（*Copepoda*）	桡足纲	节肢动物门
34	短尾类蚤状幼虫	*Zoea larvae*（*Brachyura*）	甲壳纲	节肢动物门
35	短尾类大眼幼虫	*Megalopa larvae*（*Brachyura*）	甲壳纲	节肢动物门
36	阿丽玛幼虫	*Alima larvae*	甲壳纲	节肢动物门
37	长尾类幼虫	*Macrura larvae*	甲壳纲	节肢动物门
38	磁蟹溞状幼虫	*Zoea larvae*（*Porcellana*）	甲壳纲	节肢动物门
39	曼足类溞状幼虫	*Z. larvae*（*Cirripdia*）	甲壳纲	节肢动物门
40	多毛类幼虫	*Polychaetes*	多毛纲	环节动物门
41	长腕幼虫	*Ophiopluteus larvae*	蛇尾纲	棘皮动物门
42	耳状幼体	*Auricularia larvae*	海参纲	棘皮动物门
43	仔鱼	*Fish larvae*	鱼纲	脊索动物门
44	鱼卵	*Fish eggs*	鱼纲	脊索动物门

附表 3　调查海域大型底栖生物种类名录

序号	名称	拉丁文	门	科
1	日本爱氏海葵	*Edwardsia japonica*	腔肠动物门	海葵科
2	中国根茎螅	*Rhizocaulus chinensis*	腔肠动物门	钟螅水母科
3	太平洋黄海葵	*Anthopleura nigrescens*	腔肠动物门	海葵科
4	黄侧花海葵	*A. xanthogrammia*	腔肠动物门	海葵科
5	海葵		腔肠动物门	海葵科
6	星虫状海葵	*Edwardsia sipunculoides*	腔肠动物门	海葵科
7	金毛丝鳃虫	*Cirratulus chrysoderma*	环节动物门	丝鳃虫科
8	须鳃虫	*Cirriformia tentaculata*	环节动物门	丝鳃虫科
9	巨刺缨虫	*Potamilla cf. myriops*	环节动物门	缨鳃虫科
10	梳鳃虫	*Terebellides stroemii*	环节动物门	毛鳃虫科
11	环唇沙蚕	*Cheilonereis cyclurus*	环节动物门	齿吻沙蚕科
12	背褶沙蚕	*Tambalagamia fauveli*	环节动物门	齿吻沙蚕科
13	多美沙蚕	*Lycastopsis augenari*	环节动物门	齿吻沙蚕科
14	智利巢沙蚕	*Diopatra chiliensis*	环节动物门	欧努菲虫科
15	短叶索沙蚕	*Lumbrineris latreilli*	环节动物门	索沙蚕科
16	矶沙蚕	*Eunice aphroditois*	环节动物门	矶沙蚕科
17	囊叶齿吻沙蚕	*Nephtys caeca*	环节动物门	沙蚕科
18	小齿吻沙蚕	*Micronephtys*	环节动物门	沙蚕科
19	中华内卷齿蚕	*Aglaophamus sinensis*	环节动物门	沙蚕科
20	角吻沙蚕	*Goniada*	环节动物门	角吻沙蚕科
21	长吻沙蚕	*Glycera chirori*	环节动物门	吻沙蚕科
22	锥唇吻沙蚕	*Glycera onomichiensis*	环节动物门	吻沙蚕科
23	带楯征节虫	*Nicomache personata*	环节动物门	竹节虫科

序号	名称	拉丁文	门	科
24	简毛拟节虫	*Praxillella gracilies*	环节动物门	竹节虫科
25	曲强真节虫	*Euclymene lombricoides*	环节动物门	竹节虫科
26	缩头竹节虫	*Maldane sarai*	环节动物门	竹节虫科
27	长锥虫	*Haploscoloplos elongatus*	环节动物门	锥头虫科
28	米列虫	*Melinna cristata*	环节动物门	双栉虫科
29	秤背虫	*Paleanotus chrysolepis*	环节动物门	金扇虫科
30	欧文虫	*Owenia fusformis*	环节动物门	欧文虫科
31	西方拟蛰虫	*Amaeana Occidentalis*	环节动物门	蛰龙介科
32	烟树蛰虫	*Pista typha*	环节动物门	蛰龙介科
33	吻蛰虫	*Artacama proboscidea*	环节动物门	蛰龙介科
34	扁模裂虫	*Typosyllis fasciata*	环节动物门	裂虫科
35	含糊拟刺虫	*Linopherus ambigua*	环节动物门	仙虫科
36	澳洲鳞沙蚕	*Aphrodita australis*	环节动物门	鳞沙蚕科
37	胶管虫	*Myxicola infundibulum*	环节动物门	不倒翁虫科
38	不倒翁虫	*Sternaspis sculata*	环节动物门	缨鳃虫科
39	低鳞粒侧石鳖	*Leptochiton assimilis*	软体动物门	鳞侧石鳖科
40	强肋锥螺	*Turritella fortilirata*	软体动物门	锥螺科
41	腊台北方骨螺	*Boreotrophon candelabrum*	软体动物门	骨螺科
42	朝鲜蛾螺	*Buccinum koreana choe*	软体动物门	蛾螺科
43	老鼠蛾螺	*Lirabuccinum musculus*	软体动物门	蛾螺科
44	塔螺	*Turridae*	软体动物门	塔螺科
45	橄榄胡桃蛤	*Nucula tenuis*	软体动物门	胡桃蛤科
46	日本胡桃蛤	*N. nipponica*	软体动物门	胡桃蛤科

序号	名称	拉丁文	门	科
47	奇异指纹蛤	*Acila mirabilis*	软体动物门	胡桃蛤科
48	粗纹吻状蛤	*Nuculana yokoyamai*	软体动物门	吻状蛤科
49	醒目云母蛤	*Yoldia notabilis*	软体动物门	吻状蛤科
50	灰双齿蛤	*Felaneilla usta*	软体动物门	蹄蛤科
51	薄壳索足蛤	*Thyasira tokunagai*	软体动物门	索足蛤科
52	黄色扁鸟蛤	*Clinocardium buellowi*	软体动物门	鸟蛤科
53	秀丽波纹蛤	*Raetellops pulchella*	软体动物门	蛤蜊科
54	虹光亮樱蛤	*Nitidotellina iridella*	软体动物门	樱蛤科
55	光滑河蓝蛤	*Potamocorbula laevis*	软体动物门	蓝蛤科
56	舟形长带蛤	*Agriodesma navicula*	软体动物门	里昂司蛤科
57	日本短吻蛤	*Periploma japonicum*	软体动物门	短吻蛤科
58	小蝶铰蛤	*Trigonothracia pusilla*	软体动物门	色雷西蛤科
59	毛日藻钩虾	*Sunamphitoe plumosa*	节肢动物门	藻虾科
60	隆背黄道蟹	*Cancer gibbosulus*	节肢动物门	黄道蟹科
61	艾氏活额寄居蟹	*Diogenes edward-sii*	节肢动物门	寄居蟹科
62	绒毛近方蟹	*Hemigrapsus penicillatus*	节肢动物门	方蟹科
63	脊腹褐虾	*Crangon affinis*	节肢动物门	褐虾科
64	哈氏美人虾	*Callianassa harmandi*	节肢动物门	美人虾科
65	日本浪漂水虱	*Cirolana japonensis*	节肢动物门	浪漂水虱科
66	俄勒冈球水虱	*Gnorimosphaeroma oregonensis*	节肢动物门	团水虱科
67	赫氏细身钩虾	*Maera hirondellei*	节肢动物门	马耳他钩虾科
68	六齿拟钩虾	*Gammaropisis sexdentata*	节肢动物门	蜾蠃蜚科
69	内海拟钩虾	*G. utinomii*	节肢动物门	蜾蠃蜚科

序号	名称	拉丁文	门	科
70	中华原钩虾	*Eogammarus sinensis*	节肢动物门	异钩虾科
71	窄异跳钩虾	*Allorchwstes angusta*	节肢动物门	玻璃钩虾科
72	施氏玻璃钩虾	*Hyale schmidti*	节肢动物门	玻璃钩虾科
73	强壮藻钩虾	*Ampithoe valida*	节肢动物门	藻钩虾科
74	酸浆贝	*Terebratella coreanica*	腕足动物门	酸浆贝科
75	奇异拟纽虫	*Paranemertes peregrina*	纽形动物门	拟纽虫科
76	锯吻仿分胞苔虫	*Celleporina serrirostrata*	苔藓动物门	分胞苔虫科
77	阔口隐槽苔虫	*Cryptosula pallasiana*	苔藓动物门	隐槽苔虫科
78	迈氏软苔虫	*Alcyonidium mytili*	苔藓动物门	软苔虫科
79	海燕	*Asterina pectinifera*	棘皮动物门	海燕科
80	张氏滑海盘车	*Aphelasterias changfengyingi*	棘皮动物门	海盘车科
81	正环沙鸡子	*Phyllophorus ordinata*	棘皮动物门	沙鸡子科
82	沙鸡子	*Phyllophorus*	棘皮动物门	沙鸡子科
83	海棒槌	*Paracaudina chilensis*	棘皮动物门	尻参科
84	长尾异赛瓜参	*Allothyone longicauda*	棘皮动物门	沙鸡子科
85	仿刺参	*Apostichopus japonicus*	棘皮动物门	刺参科
86	紫蛇尾	*Ophiopholis mirabilis*	棘皮动物门	辐蛇尾科
87	金氏真蛇尾	*Ophiura kinbergi*	棘皮动物门	真蛇尾科
88	司氏盖蛇尾	*Stegophiura sladeni*	棘皮动物门	真蛇尾科
89	日本倍棘蛇尾	*Amphioplus japonicus*	棘皮动物门	阳遂足科
90	乳突皮海鞘	*Molgula mahattensis*	棘皮动物门	皮海鞘科
91	云鳚	*Enedrias nebulosus*	脊索动物门	锦鳚科
92	线虫	*nematoda*	线虫动物门	